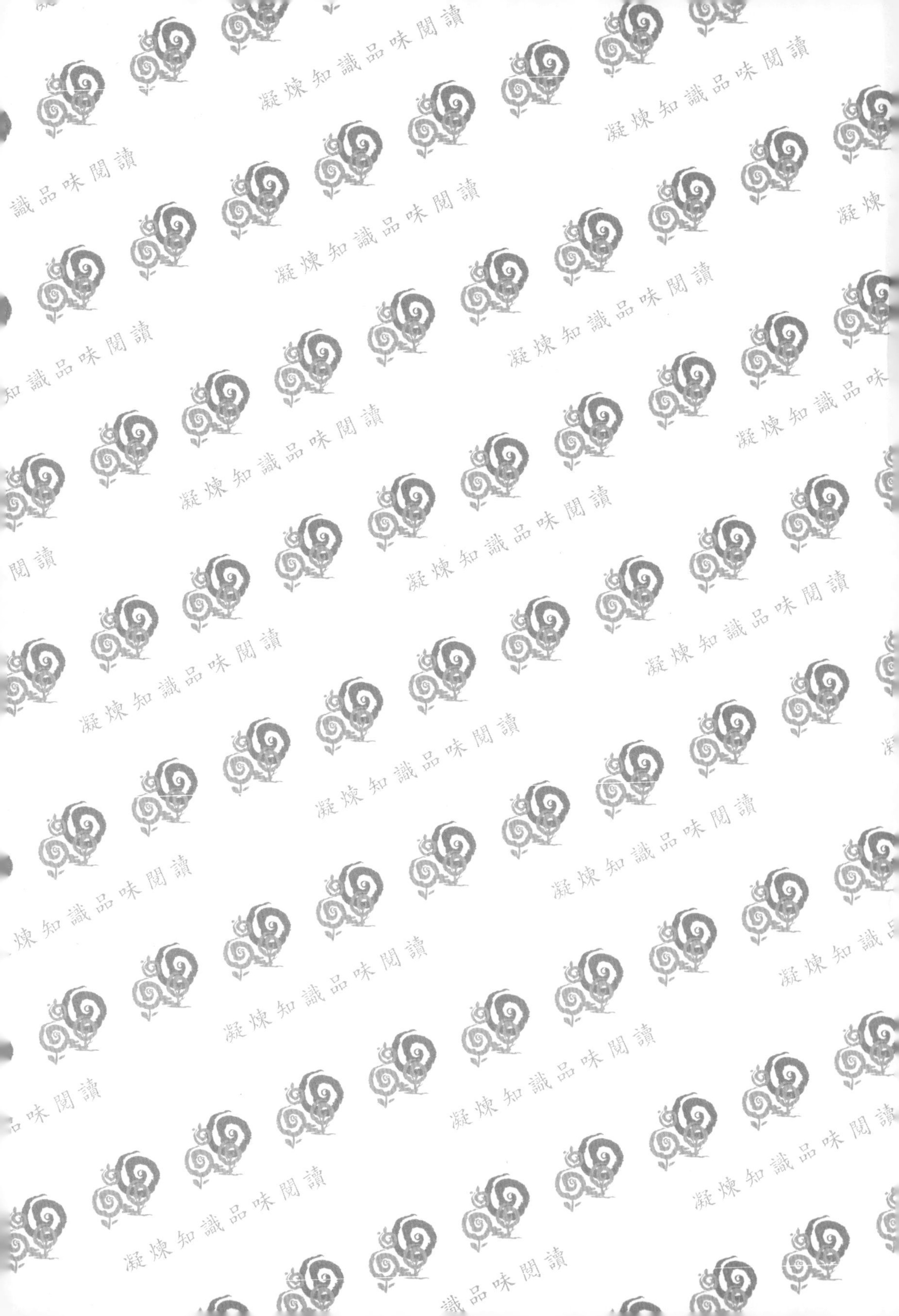

工程生態檢核

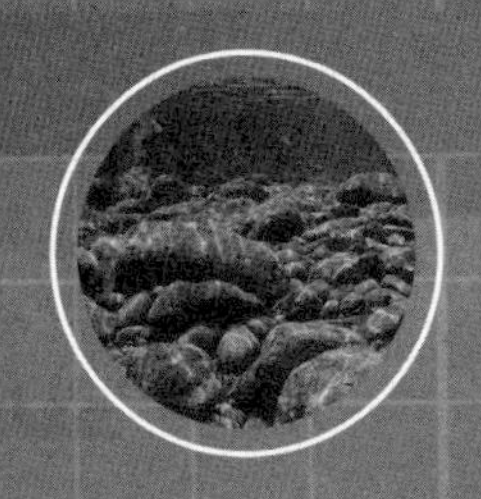

黃宏斌—著

五南圖書出版公司 印行

序

爲了減輕公共工程對生態環境造成的負面影響，秉持生態保育、公民參與及資訊公開的原則，積極創造優質環境，2017 年公共工程委員會訂定〈公共工程生態檢核機制〉，隔兩年改名爲〈公共工程生態檢核注意事項〉。要求中央政府各機關辦理新建公共工程或直轄市政府及縣（市）政府辦理受中央政府補助比率逾工程建造經費百分之五十之新建公共工程時，需辦理生態檢核作業。雖然各機關都依據工程會的注意事項訂定符合各該機關工程特性的生態檢核機制，但是沒有生態背景的工程人員在執行過程中仍然會產生不明就裡的茫然。

本書深入淺出，舉案例說明，希冀承辦工程業務的公務員、工程顧問公司工程人員在提報審核、規劃設計、監造、施工、維護管理等各個階段，能夠快速掌握生態檢核的目標、內容和執行方法，與生態保育措施的作業原則。

本書分 13 章，前兩章爲工程生態檢核的意義和目的，與環境友善、生態友善；接著介紹生態資料蒐集和生態調查及評析，同時提到美國的棲地評價模式和環境影響評估作業使用的生物環境影響評估。也介紹物種及棲地關聯性與臺灣的保育物種；生態友善機制圖資的製作和生態保育策略。最後，推薦符合生態檢核機制的河溪治理工程設計原則，同時介紹公共工程委員會和其他機關的生態檢核自評表。適合公務員、工程人員、大專學生和對工程生態檢核有興趣的人士參考使用。

感念指導教授於作者在學期間的諄諄教誨，謹以此書獻給中興大學何智武教授與臺灣大學陳信雄教授。

目錄

第一章 | 工程生態檢核的意義和目的 …… 1

1-1 工程對生態環境造成的負面影響 1

1-2 工程對生態棲地影響的實例 2

1-3 道路工程對生態環境的影響 4

1-4 生態檢核作業範圍 5

1-5 生態保育影片 6

第二章 | 環境友善、生態友善 …… 9

2-1 生態治理概念 9

2-2 生態工法執行原則 13

2-3 生態工程的基本原則 14

2-4 生態檢核 14

2-5 生態評估的核心要項 17

2-6 環境友善措施標準作業書 17

2-7 生態檢核標準作業書 18

2-8 國有林治理工程生態友善機制 27

第三章 | 生態資料蒐集 …… 41

3-1 生態資料蒐集 41

3-2 法律依據 41

3-3 自然保留區 42
3-4 野生動物保護區 44
3-5 野生動物重要棲息環境 45
3-6 國家公園 47
3-7 國家自然公園 48
3-8 自然保護區（國有林自然保護區） 48
3-9 國家重要溼地 49
3-10 海岸保護區 52
3-11 地質公園 55

第四章 | 生態調查及評析 *57*

4-1 生態調查及評析 57
4-2 棲地品質評估 57
4-3 評估項目的生態意義與評估標準 59
4-4 生態調查方法 67
4-5 坡地棲地評估指標 69

第五章 | 棲地評價模式 *71*

5-1 棲地評價系統（HES） 71
5-2 棲地評價程序（HEP） 80
5-3 HES與HEP比較 85
5-4 棲地評價模式探討 85

第六章 | 生物環境影響評估 89

6-1 環境影響評估 89
6-2 生物環境影響評估 90
6-3 生物環境影響評估內容 91
6-4 生態系統服務 97
6-5 永續發展目標 105

第七章 | 物種及棲地 107

7-1 物種 107
7-2 淡水魚 107
7-3 棲地形態 110
7-4 生命週期的棲地條件 114
7-5 蝦蟹類 115
7-6 鳥類 116
7-7 物種活動的場域 118

第八章 | 保育物種 121

8-1 紅皮書 121
8-2 臺灣紅皮書名錄 126
8-3 陸域保育類野生動物名錄 130
8-4 自然紀念物——珍貴稀有植物 139

第九章 | 生態友善機制圖資 141

9-1 工程生態情報圖 142
9-2 生態關注區域圖 144
9-3 生態友善措施平面圖 149

第十章 | 生態保育策略 153

10-1 生態保育策略 153
10-2 生態友善措施 154
10-3 工程生態友善案例 156

第十一章 | 生態河溪工程 161

11-1 工程對生態環境的影響 161
11-2 棲地單元的生態價值 162
11-3 河溪整治工程對棲地的影響 164
11-4 生態評估 169
11-5 自然生態工法 171
11-6 魚道 172
11-7 生態友善措施 174
11-8 生態友善機制施工階段共通性注意事項 178

第十二章 | 公共工程生態檢核 181

12-1 臺灣生態工程發展 181

12-2 生態檢核作業辦理 182
12-3 生態檢核各階段工作項目 183
12-4 生態保育策略 184
12-5 生態檢核作業原則 185
12-6 公民參與和資訊公開 188
12-7 作業流程 189
12-8 生態檢核自評表項目 190
12-9 各機關辦理公共工程生態檢核錯誤樣態（2020） 194
12-10 公共工程生態檢核自評表 199
12-11 工程生態檢核作業查核表 203

第十三章 ｜ 其他機關生態檢核 207

13-1 生態檢核表發展歷程 207
13-2 各機關的工程生態檢核自評表差異 210
13-3 水利工程快速棲地生態評估表 215
13-4 生態檢核標準作業 217
13-5 各機關的工程生態檢核自評表 228

參考文獻 303

第一章　工程生態檢核的意義和目的

1-1　工程對生態環境造成的負面影響

對生態環境有可能造成負面影響的工程項目有地表擾動、河湖擾動、噪音、土地污染、水質污染和空氣污染等。所造成的負面影響下所示：

1. 地表擾動：改變地形、排水路、地表逕流量，清除植被、表土，砍伐樹木，地表裸露導致土壤沖蝕，或移入客土，建置或棄置障礙設施。這些擾動嚴重者造成棲地喪失、破碎或阻隔。
2. 河湖擾動：改變流路、集水分區，或改變湖面面積、形狀，加速河湖底床沖刷、淤積程度，改變潭瀨等河床型態，或河流流量、流速，河湖水深，污染水質。這些擾動嚴重者造成棲地喪失、破碎或阻隔。
3. 噪音：施工作業、交通運輸和人爲活動產生的噪音會影響棲息品質，導致野生動物遷徙。
4. 土壤污染：油料洩漏或廢棄物棄置污染土壤性質與結構，嚴重者造成棲地喪失、破碎或阻隔。
5. 水質污染：懸浮、沉積物質，點源或非點源污染物，如生活污水進入，嚴重者造成棲地喪失、破碎或阻隔。
6. 空氣污染；粉塵、有毒氣體或酸雨，嚴重者造成棲地喪失。

將其整理如表 1-1 所示。

表 1-1　工程可能對生態環境造成的負面影響

工程項目	陸域棲息地變更				水域棲息地變更				干擾
	毀壞	改變	遷移	傷亡	毀壞	改變	遷移	傷亡	
地表擾動	X	X	X						
河湖擾動	X	X			X	X	X	X	

工程項目	陸域棲息地變更				水域棲息地變更				干擾
	毀壞	改變	遷移	傷亡	毀壞	改變	遷移	傷亡	
噪音	X	X							X
土地污染	X	X		X					
水質污染					X	X		X	
空氣污染		X		X		X			X

以河溪治理工程爲例，常見的生態環境負面影響主要有下列四項，嚴重者有可能導致棲地喪失、破碎或阻隔：

1. 横向構造物阻隔溪流縱向廊道。
2. 護岸高度、坡度阻隔横向生態通道、阻礙濱溪植物生長、護岸材質不利築巢。
3. 河床封底導致餌料喪失，呈鹼性水質。
4. 整平河床失去潭、瀨型態。

1-2 工程對生態棲地影響的實例

一、黃魚鴞（為溪流整治把關，我們的島，1076集，2020）

位於翡翠水庫上游水源保護區的新北市坪林區的金瓜寮溪，在當地居民執行封溪護魚二十年後孕育豐富的生態環境。台北水源特定區管理局 2020 年爲了修復坪林觀魚自行車道碑下方一處道路彎道的護岸底部淘空，施工剷除凸岸雜木林，嚴重破壞棲地，剷除植被後的裸露表土發生沖蝕，泥砂流入金瓜寮溪，造成水質混濁，不僅泥砂覆蓋河床石頭，藻類無法固著生長，水生生物的棲息地遭到嚴重影響。同時，施工期間正値黃魚鴞的育雛期，工程擾動減少餌料來源的水生生物，可能導致育雛失敗。經過數個生態保育團體力爭，台北水源特定區管理局從善如流，修改施工計畫，減輕工程對生態的負面影響。

二、白魚（守護白魚，我們的島，538集，2010）

以前大甲溪、烏溪與濁水溪一帶都有白魚分布，隨著河川污染與水泥化，大部分地區的白魚都已經消失，目前僅剩南投埔里兩處和新社鄉食水嵙溪上游一處。台中縣政府（台中市政府前身）執行食水嵙溪的整治計畫，將自然河岸修築成水泥護岸，沒有躲藏、棲息的石縫與水草後，白魚就消失了。2009 年縣政府在上游的番社嶺橋附近興建護岸，當地保育團體擔心白魚棲地不保，採取移地復育的方式保護白魚。

三、飯島氏銀鮈（濱溪帶不見了—沙河溪，我們的島，1149集，2022）

2022 年苗栗沙河溪進行沙河橋改建及護岸工程，剷除兩岸茂密雜木林，不僅影響石虎覓食，也發現瀕危魚類飯島氏銀鮈，經過生態保育團體和水利署第二河川局、苗栗縣政府溝通後，大幅修改工程內容，以保護當地生態環境。

四、圓形鯝魚（圓吻鯝魚的生存機制，我們的島，1110集，2021）

圓吻鯝魚在 1990 年時曾經被認定絕種，後來學者在宜蘭縣龍潭湖發現，引起居民重視。住在湖底的圓吻鯝魚，每年清明節到端午節之間，會上溯湖畔野溪去產卵。居民觀察到，圓吻鯝魚會利用湖畔的四條野溪，但其中只有一條終年有水，其餘三條有時會因天候而缺水。終年有水的這條，又因爲大雨沖刷而發生崩塌，於是居民自己設計動工，量身打造圓吻鯝魚需要的魚道。

五、八色鳥與食蛇龜（毀林只為水：湖山水庫，我們的島，986集，2018）

湖山水庫位在雲林縣斗六市與古坑鄉的交界，從濁水溪的支流清水溪引水，屬於離槽水庫，集水面積6.58平方公里，淹沒面積2.02平方公里，爲臺灣有效容量第 9 大水庫，2015 年完工。湖山水庫淹沒區曾經是一座物種豐富的森林棲地，計有 316 種植物、81 種鳥類、22 種哺乳動物，以及各有 20 多種的魚類與蛙類。其中最受矚目的是亞洲鳥類紅皮書瀕臨絕種鳥類，也是第二級保育類的八色鳥。另外還有環評報告書缺漏的保育類動物，食蛇龜。

六、蜻蜓（蜻蜓不見了，我們的島，780集，2014）

溼地環境爲蜻蜓的重要棲地，政府鼓勵水梯田休耕、廢耕，導致水田的溼地環境大量減少，1978 年後消失快 30 年的黃腹細蟌，因爲新北市貢寮區的水梯田在稻穀收割後，依舊維持溼地環境，成爲牠新的棲地。

屏東萬巒的五溝水，是非常著名的湧泉溼地，爲許多原生魚種和脊紋鼓蝦的重要棲地。2013 年，政府爲了防洪目的拓寬溼地，並且構築水泥護岸，沒有躲藏、棲息的石縫與水草後，脊紋鼓蝦與瘦面細蟌就跟著消失了。

屏東內文溪野溪整治爲了興建護岸，剷除濱溪植物帶與破壞溼地，嚴重威脅黃尾弓蜓的生存。水土保持局台南分局和蜻蜓學會取得共識，修正工程內容讓野溪整治和蜻蜓棲地保育可以得到雙贏。

1-3　道路工程對生態環境的影響

當道路興建造成棲地的破壞、破碎或阻隔時，野生動物或流浪犬貓嘗試跨越道路時，可能會被車輛撞擊、輾斃。路殺就是動物穿越道路時發生車禍造成傷亡。整理自《路死誰守──高速公路護生指南》（交通部高速公路局，2019）的內容，包含陽明山國家公園管理處於 2008 年 3～10 月間的調查資料、林務局 2013 針對桶后、宜專一線，以及翠峰、大雪山、大鹿和樂山等路殺潛在敏感度高的林道進行一年的調查資料，以及交通部高速公路局於 2009～2018 間統計國道 1、2、3、4、5、6、8、10 和 3 甲等 9 條國道的調查資料，如表 1-2 所示。

表 1-2　陽管處、林務局與高公局調查的路殺數量統計表

陽管處			林務局		高公局
類別	種	隻數	種	隻數	隻數
哺乳類	11	163	13	51	3,073
鳥類	11	45	17	53	46,643
爬行類	38	3,000	46	590	1,540
兩棲類	16	8,059	11	1,825	
非野生動物	-	-	-	-	16,872
合計	76	11,267	87	2,519	68,128

1-4　生態檢核作業範圍

為了減輕公共工程對生態環境造成的負面影響，秉持生態保育、公民參與及資訊公開的原則，積極創造優質環境，公共工程委員會訂定了〈公共工程生態檢核注意事項〉。規定中央政府各機關辦理新建公共工程或直轄市政府及縣（市）、政府辦理受中央政府補助比率逾工程建造經費百分之五十的新建公共工程時，必須辦理生態檢核作業。

一、不須辦理生態檢核作業，必須具備下列情形之一

1. 災後緊急處理、搶修、搶險。
2. 災後原地復建。

3. 原構造物範圍內的整建或改善且經自評確認無涉及生態環境保育議題。
4. 已開發場所且經自評確認無涉及生態環境保育議題。
5. 規劃取得綠建築標章並納入生態範疇相關指標的建築工程。
6. 維護管理相關工程。前項辦理生態檢核作業，以該工程影響範圍爲原則。

生態檢核係爲了解新建公共工程涉及的生態議題與影響，評估其可行性及妥適應對的迴避、縮小、減輕、補償方案，並依工程生命週期分爲工程計畫核定、規劃、設計、施工及維護管理等作業階段。

至於需要辦理環境影響評估的重大工程案件，則是於辦理環境影響評估時，工程計畫核定及規劃階段的檢核作業，於環評過程中一併辦理。另外，公共工程委員會也規定各階段的生態檢核作業，應由具有生態背景人員（如生態相關科系畢業或有二年以上生態相關實績工作者）配合辦理生態資料蒐集、調查、評析及協助將生態保育的概念融入工程方案，提出生態保育措施並落實等工作。

1-5 生態保育影片

目前蒐集到網路公開的生態保育影片如表 1-3 所示：

表 1-3 網路公開的生態保育影片

類別	項目	標題	集數	發行日期	出版者
工程	水庫	毀林只爲水：湖山水庫	986	2018/12/24	我們的島
	坡地社區	小城危機：當新店安坑山坡地蓋起大樓	1031	2019/11/25	我們的島
	河溪整治	和水泥工程説掰掰	1193	2023/2/20	我們的島
	重金屬污染	重生二仁溪	983	2018/12/3	我們的島

類別	項目	標題	集數	發行日期	出版者
	野溪整治	野溪整治大亂象（固床工）	989	2019/1/21	我們的島
	野溪整治	野溪整治大亂象（粗暴施工）	1137	2021/12/27	我們的島
	溪流整治	爲溪流整治把關	1076	2020/10/12	我們的島
	路殺	路殺大調查	943	2018/2/26	我們的島
	路殺	救命的生態廊道	1178	2022/10/31	我們的島
	電廠	捲土重來的世豐電廠	1193	2023/2/20	我們的島
	濱溪生物	濱溪帶不見了 - 大湖溪	1149	2022/3/28	我們的島
兩棲類	臺灣龜	搶救台灣龜	1190	2023/1/30	我們的島
	食蛇龜	回龜山野	1192	2023/2/13	我們的島
昆蟲	蜻蜓	蜻蜓不見了	780	2014/10/27	我們的島
	蜻蜓	蜻蜓啓示錄	1167	2022/8/15	我們的島
哺乳類	石虎	石虎需樂園	759	2014/6/2	我們的島
	石虎	搶救台灣保育危機	2195	2019/10/11	華視新聞雜誌
	蝙蝠	蝠滿天	1169	2022/8/29	我們的島
魚	日本禿頭鯊	誰喝了魚的水	1126	2021/10/11	我們的島
	白魚	守護白魚	538	2010/1/4	我們的島
	菊池氏細鯽	溼地重生：大坡夢	827	2015/10/5	我們的島
	菊池氏細鯽	爲溪流整治把關	1076	2020/10/12	我們的島
	飯島氏銀鮈	濱溪帶不見了 - 沙河溪	1149	2022/3/28	我們的島
	圓吻鯝魚	圓吻鯝魚的生存機制	1110	2021/6/21	我們的島

類別	項目	標題	集數	發行日期	出版者
鳥	臺灣草鴞	草原隱士的危機	898	2017/3/20	我們的島
	都市鳥類	都市鳥巢秘錄	1164	2022/7/11	我們的島
	黃魚鴞	爲溪流整治把關	1076	2020/10/12	我們的島
棲地	溼地	溼地重生：大坡夢	827	2015/10/5	我們的島
綠能	光電	光電停聽看	1069	2020/8/24	我們的島
	光電	林農光電的生態衝突	1128	2021/10/25	我們的島
	風機	外傘頂洲的風機難題	1131	2021/11/15	我們的島
蝦	龍蝦	國光石化落腳馬來西亞；憤怒龍蝦	683	2012/11/26	我們的島
	螯蝦	美國螯蝦移除中	1135	2021/12/13	我們的島
樹木	行道樹	委屈了，行道樹	701	2013/4/8	我們的島
	紅樹林	誤植的代價：種下紅樹林之後	1088	2021/1/11	我們的島
	紅樹林	淡水河紅樹林擴張的困局	1154	2022/5/2	我們的島
	都市樹木	大樹難保	1120	2021/8/30	我們的島
蟹	毛蟹	小小毛蟹要回家	1166	2022/7/25	我們的島
	母蟹	母蟹生寶寶	158	2002/5/27	我們的島
	紅蟹	遷徙 - 紅蟹的黎明	695	2013/2/25	我們的島
	陸蟹	台灣陸蟹傳奇	158	2002/5/27	我們的島
	陸蟹	大海的召喚 - 守護陸蟹過馬路	777	2014/10/6	我們的島
	陸蟹	陸蟹的天堂路	1063	2020/7/13	我們的島
	圓軸蟹	台江護蟹行動	1175	2022/10/10	我們的島
	椰子蟹	椰子蟹的 party	706	2013/5/13	我們的島

第二章　環境友善、生態友善

2-1　生態治理概念

有關生態治理概念有許多相似名詞，如近自然河溪管理（near natural river and stream management）、近自然荒溪治理（near natural torrent control）等，在德國稱河川生態自然工法（naturnahe）；澳洲稱綠植被工法；日本則是近自然工法、近自然工事。甚至將生態保育納入水利工程中，成爲生態水利工程（ecohydraulic engineering）的新領域。

一、生態工法與生態工程

爲保持完整的生態環境，維持多樣化生物的生存權，需要避免破壞棲息地及遷徙路徑，在尊重當地天然條件，以及人爲設施與環境不相衝突前提下，妥適導入人類在環境生活中爲提供安全所利用的土木工程構造，均可謂「生態工法」。生態工法是減輕人爲活動對溪流的壓力、維持溪流生態多樣性、物種多樣性以及溪流生態系統平衡，並逐漸恢復自然狀態的工程措施（Hohmann, 1992）。

生態工程是強調透過人爲環境與自然環境間的互動，以達到互利共生目的（Mitsch & Jorgensn, 1989）。而 Odum（1962）也提出生態工程係人類所提供相對於自然資源而言較小的能量；卻足以在所得模式和過程中產生巨大影響的工程。Mitsch（1996, 1998）認爲生態工程則是爲了人類社會與自然環境的共同利益所設計、融合兩者的永續生態系統。2004 年，Mitsch & Jorgensen 提出生態工程是爲了人類社會與自然環境的共同利益所設計的工程。

生態工程目標有下列兩項：

1. 恢復受到如環境污染或土地擾動等人類活動干擾的生態系統；
2. 開發具有人類和生態價值的嶄新永續生態系統。

二、歐洲的生態工程發展

生態工程的發展來自歐洲、美國和日本，且各具特色、考量和目的，在二十世紀後期逐漸整合。瑞士阿曼（Gustav Amman）在1930年提出「人所設計或所建造的成品，應該向大自然開放？還是向大自然關閉？」他以開放立場在瑞士、法國、義大利設計建造出一系列與周遭景觀協調；種植能夠突顯出大地特色植物的花園、庭院，稱「讓人類在人爲建設裡看到並體驗到大自然」，也成爲歐洲生態工程特色——擬自然（mimic nature）。

德國西弗特（Alwin Seifert）提出「讓大自然進入德國的都市建設與規劃，將使德國下一代的年輕人更強壯。」1934年成爲德國土木工程特色。讓工程與大自然結合，除了都市建設與社區規劃外，也逐漸延伸到河溪整治工程。德國賽德樂（Kaethe Seidel）1953年以實驗證明至少有240種以上的水生植物能吸收水體內的氮、磷等物質、增加氧氣、中和pH值、移除過多鹽類、減少有毒物質、抑制水中病菌與藻類等。提出「植物不僅供應動物生長所需的食物，而且提供動物生長的理想環境……所以，濱溪植物不是徒然生長，而是有其保護水域的功能。」

1840年德國西南部Stuttgart城附近Murr河被當地人爲了達到快速排洪和輸砂效益而採取截彎取直工程，結果導致乾旱時期地下水位顯著下降，沿岸城市取水困難；河川泥砂淤積，水域生物逐年減少的現象。爲了解決問題，採取盡量蓄留豐水期水量、高灘地蓄洪等復育河川對策，成爲1970年最著名的重回大自然（renaturalization）工程。也奠定1990年代萊茵河鮭魚回溯工程的基礎。1988年美國德裔的植物學家豪格（Sven Hoeger）提出一個群聚多樣性生物生態空間的人工浮島，讓挺水性水生植物可以在深水域吸取營養物質，降低優養化的機會。

三、美國的生態工程發展

美國生態工程學係源自生態學，將生態系統視爲大自然的基本單位。生態系統定義爲：在生態系統內部，物質與能量有最充分的分解與使用，使輸出的物質均已淨化、輸出的能量最小。由於最能表現這種情況的環境爲溼地，也因此使得美國的生態工程幾乎與溼地劃上等號。

1967 年，最早於河川感潮區域建造溼地處理都市污水。1973 年，瓦立耶拉（Ivan Valiela）提出污水中的有機碎屑可以增加溼地生物繁殖與生物多樣性。1975 年，弗勒伯頓（B.C. Wolverton）提出溼地是低能量且有效的污水淨化程序。1977 年，凱德雷克（Robert H. Kadlec）則以流體力學提出自然處理的數學理論，並且以溼地營造驗證。1996 年出版的《溼地處理》（Treatment Wetlands）至今仍然是此一領域的經典著作。

1990 年，溼地營造除了污水處理、生物棲地外，也加入滯洪與養殖的功能，因此，溼地逐漸成爲人類重新營造、經營的完整生態系統。另外，溼地也兼顧野生動植物的考量，有些溼地營造的目的是保育瀕危生物。同時，生態工程也逐漸由溼地延伸到道路生態、坡地生態、海灘生態、堤防生態等。

四、日本的生態工程發展

荷蘭里耶克（Johannis DeRijke）在明治六年（1873 年）規劃大阪信濃川治水工程，以強度不如鋼筋水泥的石頭、樹木等配合水利學施工對抗洪水。就地取材的天然材料容易讓水域生物棲息、植物著生、螺貝、藻類附著，後來逐漸形成日本特色的工法。

接著，東京帝國大學教授上野英三郎推動低造價的水利工法。

歐洲生態工程係由景觀、綠美化發展到溪流復育，工程建造在於仿效自然，生態工法多於生態工程學，技術多於理論。美國生態工程則是由生態學家主導，後來有學者和工程師參與，生態學與數學多於工法。日本則是強調就地取材，防洪治水兼顧生態。

五、臺灣的生態工程發展

1938 年，上野英三郎的學生牧隆泰於台北帝國大學成立農業工學與水理實驗場，1940 年前者改名爲農業工程學系（生物環境系統工程學系前身），後者改名爲台大水工實驗室（水工試驗所前身），持續推動兼顧生態環境與工程規劃施工的永續環境事業。

1980 年代，宜蘭縣五結鄉冬山河的親水公園係著名的綠美化工程。當生態工程在臺灣開始要啓動時，綠美化就改爲生態綠美化工程，景觀工程就改爲生態景觀工程，使得初期的生態工程仍是綠美化與景觀爲主的建設。

1999 年的 921 地震和 2001 年的桃芝颱風接連重創臺灣，行政院公共工程委員會（簡稱工程會）發現在臺灣各地的救災工作爲了迅速復原受災區域，缺少導入生態工法的思維，採用大量的鋼筋混凝土或混凝土設施做爲復建工程的主要設計材料。雖然「生態工法」一詞首次出現在 2001 年 8 月修正公布的《開發行爲環境影響評估作業準則》第十九條第二項第四款」，但是復建工程和其他小型工程的規模並未達到環境影響評估作業的門檻，所以沒有納入生態工法的作法。畢竟 921 地震和桃芝颱風發生後的大量復建工程和小型工程遍布臺灣，在法律沒有規範工程必須導入生態工法的思維下，許多生態棲地將會被破壞或分割破碎化，造成生態環境無法恢復的浩劫，因此，工程會於 2002 年組成生態工法諮詢小組並定義生態工法爲「基於對生態系統的深切認知與落實生物多樣性保育及永續發展，而採取以生態爲基礎、安全爲導向的工程方法，以減少對自然環境造成傷害」，並強力推動復建工程需要納入生態工法的思維。由於生態工法經常被誤以爲是一種施工方法，爲了持續推動此項政策，以及和國際接軌，工程會於 2006 年將「生態工法」更名爲「生態工程」。

生態工程與河川復育的理念在歐、美、日、澳等先進國家發展已久，臺灣因為發展生態工程較歐美日晚，所以臺灣的生態工程係綜合歐美日的生態工程意涵和臺灣的生態環境特色。

2-2　生態工法執行原則

一、執行原則

生態工法的執行原則有下列 7 點：

1. 遵循生態系統的完整性。
2. 尊重自然生態環境原有的多樣性，並營造生態的棲息、覓食、求偶和避難環境。
3. 生態工法必須以個案評估的方式，因地制宜，研擬適當工法加以設計施工。
4. 於潛在災害較低區域，利用各種柔性材質創造多樣性的水域棲地；對於需處理以減除災害的河岸或底床，則藉助傳統的工法利用混凝土、石材、木材或地工合成材料加以治理。
5. 以大塊石砌築於河床的橫向構造物，應留有底部高度較低的水路，以利水域生態上下漫遊。
6. 在符合品管的要求下，就地取材但不得破壞原有的生態環境下，讓水域生態能夠較快適應新棲地。
7. 生態工法的維護宜結合政府和民間單位，除方便就近照顧外，亦可喚起居民「自己的環境，自己維護」的意識，因此，以當地居民為主體的維護管理較佳。

二、生態工法實務及生態考量重點

1. 減少對原有的自然環境進行開發及干擾。

2. 應掌握範圍內的野生動植物種類、分布，作爲衝擊減輕對策及復育調查與評估。
3. 減少人工鋪面及構造物數量，盡可能就地取材。
4. 建立多孔隙及多變化棲地。
5. 採用原生植物、多物種及多層次綠化方式。
6. 貫通縱、橫向生態廊道。
7. 執行生態檢測計畫，並隨時檢討修正對策。

2-3 生態工程的基本原則

1. 工程規劃設計須符合生態原則：配合生態檢核機制依規劃、設計、施工和維護等階段分別檢視是否符合生態原則。
2. 因地制宜：避免大量使用外來工程材料，大肆改變棲地性質。
3. 注重施工期間能源消耗及效率，有效減少環境污染和縮短工程對生態環境衝擊期間。
4. 建立對話機制：納入並考量生態團體與在地民眾對生態環境關心的議題。
5. 持續追蹤監測及維護生態環境。

2-4 生態檢核

2005 年艾莉颱風侵襲臺灣本島，大量泥砂進入庫區，因爲異重流的影響，石門水庫連續 18 天水質混濁，導致供水短缺的窘境，隔年爲了確保石門水庫營運功能、上游集水區水域環境的保育及有效提升其供水能力，保障民眾用水權益，政府制定公布《石門水庫及其集水區整治特別條例》（2012 年廢止），明訂石門水庫蓄水範圍與集水區整體環境整治、復育及其供水區內的高濁度原水改善設備興建等相關業務應該先依據環境、生態保育、地貌維護、集水區整體環境復育等要素擬訂整治計畫。因此，農業委員會水土保持局（簡稱水保局）於 2007 年開始研擬石門水庫集水區治理工程的生態保育措施，將生態保育理念融入工程生命週期的勘查、規劃設計及施工等各個階段，同時將生態相關考量製成表格稱「生態檢核表」，由林務局、水保局和水利署填寫，開始推動生態檢核作業。經過這 3 個機關的努力和持續回饋修正生態檢核作業內容，工程會於 2017 年訂定〈公共工程生態檢核機制〉，同時規範辦理生態檢核作業時，可以依據各機關工程特性參考水利署《水庫集水區工程生態檢核執行參考手冊》、水保局〈環境友善措施標準作業書〉，以及林務局〈國有林治理工程加強生態保育注意事項〉作法，研訂各類工程生態檢核執行參考手冊。2019 年將〈公共工程生態檢核機制〉改爲〈公共工程生態檢核注意事項〉，經過三次修正，目前使用的生態檢核表爲 2021 年公布的版本。生態檢核發展的歷程如表 2-1 所示：

表 2-1　生態檢核發展歷程

年份	項目	水利署	林務局	水保局	工程會	環保署
2001	生態工法					V
2002	生態工法				V	
2006	生態工程				V	
2006	石門水庫集水區整治計畫納入生態保育思維	V	V	V		
2007	研發生態檢核表			V		
2009	填寫石門水庫生態檢核表	V	V	V		
2009	試辦水庫、中央管河川、區域排水及海岸治理工程快速棲地生態檢核作業	V				
2011	水庫集水區生態調查評估準則草案	V				
2011	快速棲地評估方法	V				

年份	項目	水利署	林務局	水保局	工程會	環保署
2012	擴大辦理曾文、南化與烏山頭水庫	V	V	V		
2013	全面辦理曾文、南化與烏山頭水庫	V	V	V		
2013	水集水區開發案件生態檢核自評表草案	V				
2013	重點河川水利工程的生態檢核機制	V				
2014	水庫集水區工程生態檢核執行手冊草案	V				
2014	環境友善措施標準作業書			V		
2014	流域綜合計畫執行工程生態補償工作		V			
2015	流域綜合計畫導入生態檢核機制		V			
2015	治山防災工程執行環境友善措施			V		
2016	水庫集水區工程生態檢核執行參考手冊	V				
2016	國有林治理工程加強生態保育注意事項		V			
2017	公共工程生態檢核機制				V	
2017	國有林治理工程生態友善機制作業程序		V			
2019	國有林治理工程生態友善機制手冊		V			
2019	生態檢核標準作業書			V		
2019	區排生態檢核作業計畫	V				
2020	修正水庫集水區工程生態檢核執行參考手冊	V				

2-5　生態評估的核心要項

林務局（2019）在《國有林治理工程生態友善機制手冊》提到生態評估的核心要項有下列 6 點：

1. 既有生態資源與自然棲地保留：常見的自然棲地包括少人為干擾的自然地景（如自然森林、天然溪流等）。自然棲地擁有良好的棲地品質、高度生物多樣性與生物適存條件，具備多重生態系服務功能。
2. 避免棲地破碎化與生態廊道阻隔：棲地破碎化所引發的邊緣效應與棲地面積縮小局限了棲息的生物種類與數量，也阻隔各棲地間的基因交流，造成生物多樣性喪失與生態系劣化的主要成因。
3. 陸域棲地品質：陸域棲地品質包含棲地完整性、棲地結構、原生種比例、物種多樣性與自行演替能力等。棲地品質劣化將造成外來種入侵、原生種比例下降、物種多樣性降低等情況。
4. 水域棲地品質：水域棲地品質包含溪床底質、流速與水深組合、湍瀨頻率、水流狀態、水質等，良好品質的水域棲地能夠滿足不同生物躲藏、覓食、繁衍後代的環境需求。
5. 水域縱向連結性：天然溪流低落差，水流型態多樣，能夠滿足水域動物棲息、覓食、繁衍、避難所需的縱向通道，也可以做為陸域動物覓食、移動與逃生的路徑。
6. 水陸橫向連結性：各種棲息於溪流中或是需要經過溪流移動的動物都依賴良好的橫向連結以求生或完成其生活史，而橫向連結也維繫著兩岸動物族群的交流與擴散。

2-6　環境友善措施標準作業書

水土保持局為了提升國內水土保持工程對環境友善程度，減輕工程對環境生態造成的負面影響，維護生物多樣性資源與棲地環境品質，故參酌水保局和各分局的歷年成果，配合工務辦理特性，於 2014 年研擬環境友善措施標準作業書，作爲該局及其各分局設計單位、監造單位與承攬廠商辦理環境友善措施的依據。

環境友善係指生態工程依循自然環境條件採取因地制宜的設計，達到人與環境的互利共生，以工程復育環境，營造生物多樣性的自然生態，避免棲地、植物單一化而影響自然演替的過程。從工程生命週期的規劃設計、施工、維護管理等各個階段擬定對應的生態檢核項目，以了解各階段需要釐清的生態課題或應進行的保育措施。期望藉由專業人員現場勘查、民眾參與、棲地評估以及生態敏感圖的繪製，提出具體可行的環境友善措施建議，並透過生態檢核表追蹤紀錄與資訊公開，使工程對生態環境的衝擊以及對應的生態保育措施，可以即時回饋到工程各階段的評估作業，達到維護生物多樣性資源與棲地環境品質的目標。

環境友善措施的選擇，以干擾最少或盡可能避免負面生態影響的方式爲優先，依循迴避、縮小、減輕與補償四個原則進行策略選擇。工程位置及施工方法首先考量迴避生態保全對象或重要棲地等高度敏感區域，其次則盡量縮小影響範圍、減輕永久性負面效應，並針對受工程干擾的環境，積極研擬原地或異地補償等策略，以減少對環境的衝擊。

2-7 生態檢核標準作業書

爲了提升工程對環境友善程度，落實行政院公共工程委員會對公共工程生態檢核的政策要求，秉生態保育、公民參與及資訊公開原則，參酌該局工務特性，於 2021 年修訂生態檢核標準作業書，作爲該局工程執行機關、設計單位、監造單位與施工廠商辦理生態檢核的依據。

一、分級制度

生態檢核流程依生態情報所涉議題，分爲下列 2 個等級：

1. 第 1 級：工區涉及高度生態敏感或學術民間關注議題時，應有生態團隊配合辦理生態檢核作業。

2. 第 2 級：工區尚未涉及高度生態敏感或學術民間關注議題時，得由工程執行機關、設計、監造及施工人員等依生態資料庫及生態團隊通案輔導進行自主檢核作業。

工程審（查）議時得審酌生態情報完整度、棲地生態環境、生態團隊或民眾參與的建議、經費及人力條件等綜合因素調整檢核分級。

二、辦理內容及流程

將生態團隊、水保局本局及各分局、該局工程執行機關、設計單位、監造單位與施工廠商於提報審議、設計、預算書編制、施工前、施工和維護管理等階段辦理第 1 級或第 2 級生態檢核的內容，以及需要製作的各類表單分別列如表 2-2 至表 2-7 所示。

表 2-2　生態團隊需要辦理的內容、流程與表單

階段	級別	辦理內容及流程	表單
提報審議	1	1.協助釐清生態議題 2.記錄生態環境現況 3.評估工程對生態的影響 4.指認生態保護對象範圍 5.研擬生態友善原則及建議 6.提供民眾參與建議及配合辦理相關會議或現勘 7.提報右列表單送工程執行機關彙整	1.生態初評表 2.生態輔導或相關意見摘要表 3.民眾參與紀錄表
設計	1	1.綜整各方生態情報議題（含機關提供、民眾反映、媒體報導、提報審議階段生態相關意見等） 2.提供民眾參與建議及配合辦理相關會議或現勘 3.現勘檢視工區周邊生態環境現況 4.指認生態保護對象 5.就工程初步方案提供相應的生態影響及生態友善措施等相關意見	1.生態評估建議表 2.生態輔導或相關意見摘要表 3.民眾參與紀錄表

階段	級別	辦理內容及流程	表單
		6.填報右列表單，交由設計人員納入設計考量，併同基本設計書圖提送審查	
	2	1.協助釐清生態議題、指認生態保護對象範圍、研判工程可能影響及提供生態相關意見 2.輔導設計單位填寫設計檢核表及訂定施工期間生態保育措施監測項目與標準 3.將右列文件交由設計單位併同工程友善設計檢核表送工程執行機關審查	生態輔導或相關意見摘要表
預算書編製	1	1.進行棲地環境生態評估 2.研擬生態影響預測及友善措施建議 3.研提施工期間生態保育措施監測計畫內容 4.輔導設計單位填寫設計檢核表及訂定施工期間生態保育措施監測項目與標準 5.填報右列表單，於細部設計前提供設計人員納入設計考量，併同預算書圖送工程執行機關審查	1.生態評估建議表 2.生態輔導或相關意見摘要表 3.民眾參與紀錄表
施工前	1	1.生態情報蒐集釐清 2.即時提供民眾參與及生態相關建議 3.與監造單位及施工廠商共同確認生態團隊所訂生態保育措施監測計畫及監造、施工廠商所訂施工期間各項工程友善措施及生態保育監測項目與標準 4.填寫生態保育措施監測計畫確認表並與監造單位及工地負責人確認後交由監造單位併同監造計畫書及施工計畫書提交工程執行機關	生態保育措施監測計畫確認表

階段	級別	辦理內容及流程	表單
		5.研提施工人員須遵行的生態友善措施與作爲後，填寫生態友善措施告知單送工程執行機關確認後交付施工廠商	
施工	1	1.依生態保育措施監測計畫執行棲地調查、評估、生態保護對象及生態友善措施落實情形的追蹤與記錄 2.發現異常狀況時，通報施工廠商、監造單位及工程執行機關，共同商議及協助處理 3.配合辦理民眾參與會議或現勘 4.生態情報回傳 5.回顧及綜整工程各階段生態檢核執行情形 6.填寫右列表單，於竣工前交予監造人員	1.生態保育措施監測紀錄表 2.生態輔導或相關意見摘要表 3.民眾參與紀錄表
維護管理		1.工程及生態相關資料蒐集 2.棲地環境生態評估 3.課題分析與建議 4.提供民眾參與建議 5.生態情報回傳 6.填報右列表單，送委託單位備查及研處	1.生態復育評析表 2.生態輔導或相關意見摘要表 3.民眾參與紀錄表

表 2-3　水保局本局及各分局需要辦理的內容、流程與表單

階段	級別	辦理內容及流程	表單
提報審議	1	1.就預定工程所涉生態議題進行評估與初步分級 2.通知生態團隊辦理生態初評作業 3.召集民眾參與平台會議或現勘 4.提送工程審查（議）時須附右列表單，確認符合辦理原則及檢核等級後，始得進行工程設計	1.工程勘查紀錄表 2.生態情報查詢成果表（由資料庫產出） 3.生態初評表（生態團隊提供） 4.生態輔導或相關意見摘要表（生態團隊提供） 5.民眾參與紀錄表（生態團隊提供）

階段	級別	辦理內容及流程	表單
	2	1.就預定工程所涉生態議題進行評估與初步分級 2.提送工程審查（議）時須附右列表單，確認符合辦理原則及檢核等級後，始得進行工程設計	1.工程勘查紀錄表 2.生態情報查詢成果表

表 2-4　工程執行機關需要辦理的內容、流程與表單

階段	級別	辦理內容及流程
設計	1	1.與設計單位及生態團隊共同釐清生態情報議題、研議生態保育策略及友善措施 2.邀集相關單位及民眾參與現勘及討論工程方案
	2	1.與設計單位及生態團隊共同釐清生態情報議題、研議生態保育策略及友善措施 2.評估邀集相關單位及民眾參與現勘及討論工程方案
施工前	1	1.通知監造單位等進行生態友善措施確認 2.確認生態團隊的「生態友善措施告知單」內容後交付工地負責人宣導及張貼 3.評估需要邀集相關單位及民眾參與現勘及討論工程方案
	2	1.通知監造單位等進行生態友善措施確認 2.評估需要邀集相關單位及民眾參與現勘及討論工程方案
施工	1	1.督導監造及施工廠商依工程圖說、發包文件與施工規範中的生態保護對象與友善措施落實執行 2.發現異常狀況時，與施工廠商、監造單位及生態團隊，共同商議及裁示處理方案
	2	1.督導監造及施工廠商依工程圖說、發包文件與施工規範中的生態保護對象與友善措施落實執行 2.發現異常狀況時，與施工廠商、監造單位共同商議及裁示處理方案
完工	1、2	1.依工程驗收程序逐一檢查生態保護對象保留、完整或存活，生態友善措施實施是否依約執行，至保固期結束 2.若未依約執行，則裁示補救方案，無法補救則依約扣罰違約金

階段	級別	辦理內容及流程
維護管理		1.得於完工後2至5年期間或有民眾通報生態議題時，評估已完工工區的環境生態衝擊程度與棲地生態回復情形，確認生態保護對象狀況，分析工程生態友善措施執行成效等 2.經評估爲環境生態衝擊程度高時，必要時採取補償或改善對策 3.前項評估、確認、分析、對策研擬等作業，得視環境生態衝擊程度或現場實際需要，委託生態團隊辦理生態復育評析，並得邀請關注的民眾共同參與

表2-5　設計單位需要辦理的内容、流程與表單

階段	級別	辦理內容及流程	表單
設計	1	1.將討論後擬定的生態友善措施納入基本設計書圖 2.各項生態友善措施逐一核對填寫右列表1，並據以擬定右列表2及表3的施工期間生態保育措施監測項目及標準 3.將右列表單併同基本設計書圖於契約規定期限内送工程執行機關審查	1.工程友善設計檢核表 2.工程友善措施自主檢查表 3.工程友善措施抽查表
	2	1.綜整各方生態情報議題（含機關提供、生態團隊輔導、民眾反映、媒體報導等），參酌棲地現況與工程特性，研擬對應的處理方式及友善措施 2.將研擬的生態友善措施納入基本設計書圖 3.各項生態友善措施逐一核對填寫右列表1，並據以擬定右列表2及表3的施工期間生態保育措施監測項目及標準 4.將右列表單併同基本設計書圖於契約規定期限内送工程執行機關審查	

階段	級別	辦理內容及流程	表單
預算書編製	1	1.將已確認可行的生態友善措施納入設計方案，標示於工程圖說、發包文件與施工規範 2.依水保局「工程採購契約範本」生態檢核的懲罰性違約金標準，確認履約標準與罰則 3.將各項生態友善措施逐一核對填寫右列表1，並據以擬定右列表2及表3的施工期間生態保育措施監測項目及標準 4.將右列表單併同預算書圖送工程執行機關審查 5.工程決標後將右列表單提供監造單位與施工廠商使用	1.工程友善設計檢核表 2.工程友善措施自主檢查表 3.工程友善措施抽查表
	2	1.將已確認可行的生態友善措施納入設計方案，標示於工程圖說、發包文件與施工規範 2.依本局「工程採購契約範本」生態檢核的懲罰性違約金標準，確認履約標準與罰則 3.將各項生態友善措施逐一核對填寫右列表1，並據以擬定右列表2及表3的施工期間生態保育措施監測項目及標準 4.將右列表單併同預算書圖送工程執行機關審查 5.工程決標後將右列表單提供監造單位與施工廠商使用	

表 2-6 監造單位需要辦理的內容、流程與表單

階段	級別	辦理內容及流程	表單
施工前	1	1.確認工程圖說、發包文件、施工規範及「工程友善設計檢核表」中的生態保護對象與友善措施	1.工程友善措施確認表 2.工程友善措施抽查表

階段	級別	辦理內容及流程	表單
		2.參採民眾與生態相關意見，邀設計單位、施工廠商及生態團隊共同確認及填寫右列表單後，併同監造計畫書提交工程執行機關	
	2	1.確認工程圖說、發包文件、施工規範及「工程友善設計檢核表」中的生態保護對象與友善措施 2.參採相關意見，邀設計單位、施工廠商共同確認及填寫右列表單後，併同監造計畫書提交工程執行機關	
施工	1	1.監督施工廠商依工程圖說、發包文件與施工規範中的生態保護對象與友善措施落實執行 2.發現異常狀況時，通報施工廠商、工程執行機關及生態團隊，共同商議及協助處理 3.相關過程紀錄於右列表單，併同監造日誌提交	工程友善措施抽查表
	2	1.監督施工廠商依工程圖說、發包文件與施工規範中的生態保護對象與友善措施落實執行 2.發現異常狀況時，通報施工廠商、工程執行機關共同商議及協助處理 3.相關過程紀錄於右列表單，併同監造日誌提交	
完工	1	將竣工圖表及右列表單一併提交工程執行機關	1.生態保育措施監測紀錄表（生態團隊提供） 2.生態輔導或相關意見摘要表 3.民眾參與紀錄表
	2	將竣工圖表提交工程執行機關	

表 2-7　施工廠商需要辦理的內容、流程與表單

階段	級別	辦理內容及流程	表單
施工前	1	1.確認工程圖說、發包文件與施工規範中的生態保護對象與友善措施 2.確認右列表單應實施事項後，併同施工計畫書提交 3.依工程執行機關交付的「生態友善措施告知單」所訂事項向施工人員宣導，並張貼於工地明顯處	工程友善措施自主檢查表
	2	1.確認工程圖說、發包文件與施工規範中的生態保護對象與友善措施 2.確認右列表單應實施事項後，併同施工計畫書提交	
施工	1	1.依工程圖說、發包文件與施工規範中的生態保護對象與友善措施落實執行 2.發現異常狀況時，通報監造單位、工程執行機關及生態團隊，共同商議及處理 3.相關過程紀錄於右列表單，併同施工日誌提交	工程友善措施自主檢查表
	2	1.依工程圖說、發包文件與施工規範中的生態保護對象與友善措施落實執行 2.發現異常狀況時，通報監造單位、工程執行機關共同商議及處理 3.相關過程紀錄於右列表單，併同施工日誌提交	
完工	1、2	如經工程執行機關發現未依約執行，並裁示採取補救方案時，應確實執行改善	

2-8　國有林治理工程生態友善機制

林務局 2015 年修正適用的生態檢核表單於防災治理工程中實際推行。2016 年研訂〈國有林治理工程加強生態保育注意事項〉，期望對環境友善的理念能落實推展於工程全生命週期。爲了兼顧環境安全與生態永續，推展治理工程生態友善工作，除了防災思維外，更強調對生態友善的作爲，透過了解治理區域原本的生態環境特性，當不得已必須採用工程方式處理時，能將工程對生態的擾動降到最低，棲地也能在最短時間內復育，於 2017 年建立〈國有林治理工程生態友善機制〉（草案），隔年全面推動生態友善機制，2019 年落實全生命週期生態檢核工作與資訊公開，2020 年精進制度內涵。

一、分級標準

林務局規範各工程主辦機關於提報轄內治理需求前，召開生態友善機制分區工作圈會議，決議各項工程應執行的生態友善機制等級，分級標準如下：

（一）第 1 類生態友善機制

非緊急搶修工程且符合下列條件者：

1. 位於重要生態敏感區

包括法定生態保護區（野生動物重要棲息環境、自然保留區、自然保護區、野生動物保護區、國家公園、國家自然公園）、一級海岸保護區、水庫蓄水範圍、重要野鳥棲地（IBA）、國家重要溼地等，以及水庫集水區保安林地的野溪治理工程。

2. 預定治理區爲良好自然棲地。

符合下列條件 1 項以上者：

(1) 關注物種直接相關的棲息或繁殖棲地。

(2) 具常流水的自然溪段，棲地條件適宜水域生物生存（治理溪段或上下游魚蝦蟹類豐富，或溪流棲地符合底質以塊石、礫石爲主，瀨潭棲地交錯出現，兩岸濱溪植被帶完整等條件）。
(3) 未設置工程的上游溪段的首件治理工程。
(4) 工程影響範圍≧ 70% 的區域組成爲原生植被（含自然草地與灌叢／芒草地、自然林地、近自然森林等，原生種覆蓋度≧ 70%）。

3. 民衆、學術研究單位、生態保育團體關注

由蒐集歷史文獻、套疊淺山保育圖資、民眾參與等方式確認爲公民、學術研究單位或生態保育團體關注的區域。

4. 工程主辦機關評估特別需要者。

（二）第 2 類生態友善機制

非緊急搶修工程，不具生態敏感性或受關注的生態及環境議題的工程。

（三）第 3 類生態友善機制

災後緊急處理、搶修、搶險、非位於第 1 類治理區的災後原地復建，以及維護管理相關工程。

二、分級調整

生態友善機制分級可由分區工作圈經開會討論調整執行機制等級。

1. 若工程生態友善機制分級屬第 2 類者，工程主辦機關可視工程規模與環境特性提出分級調整執行第 1 類。
2. 若工程生態友善機制分級屬第 1 類者，經生態評估人員及生態保育團體現地勘查工程無涉及生態議題可提出調整爲執行第 2 類。
3. 執行機制分級調整應由分區工作圈確認。

三、辦理內容與表單

將林務局執行國有林治理工程生態友善機制需要辦理的內容、流程與表單，以及生態評估人員、主辦機關、設計監造單位與施工廠商於提報、規劃設計、施工和維護管理等階段辦理第 1 類或第 2 類生態友善機制的內容，以及需要製作的各類表單分別列如表 2-8 至表 2-12 所示。

表 2-8　需要辦理的內容、流程與表單

階段	類別	表單
提報	1	E1 第 1 類生態友善機制檢核表主表 P01 提報階段表單
	2	E2 第 2 類生態友善機制檢核表主表 P01 提報階段表單
規劃設計	1	D11 工程設計資料 D12 工程方案的生態評估分析
	2	D2-1 植被保護及復育 D2-2 苗木選擇 D2-3 草種選擇 D2-4 乾溝（無常流水坑溝） D2-5 野溪及溪溝（常流水或枯水期至少有潭區的溪流）
施工	1	C11 生態評估紀錄表 C01 自主檢查表
	2	C01 自主檢查表
維護管理	1	M01 工程生態評析
	2	M01 工程生態評析（如有必要才施行）

表 2-9 生態評估人員需要辦理的內容、流程與表單

階段	類別	辦理內容及流程	表單
不分階段	1、2	·生態資料蒐集 ·現場勘查 ·提出各階段生態友善作爲 ·生態棲地環境評估 ·提出解決對策 ·協助擬定處理方式	E01 生態評估人員／民眾參與意見紀錄表 E02 生態疑義／異常狀況處理
提報	1、2	·進行生態評估 ·提出生態友善原則	P01 提報階段附表
規劃設計	1	·生態影響預測 ·生態友善對策研擬 ·生態關注區域圖繪製	D12 工程方案的生態評估分析
	2	·棲地類型附表查核 ·生態友善措施研擬	D2-1～5 棲地類型附表
施工	1	·現場勘查 ·生態棲地環境評估 ·生態友善措施執行評估 ·施工範圍與復原情形 ·查驗自主檢查表	C11 生態評估紀錄表 C01 自主檢查表
	2	·查驗自主檢查表	C01 自主檢查表
維護管理	1	·追蹤生態回復狀況 ·提出改善建議	M01 工程生態評析

表 2-10 主辦機關需要辦理的內容、流程與表單

階段	類別	辦理內容及流程	表單
不分階段	1、2	·現場勘查 ·意見回覆 ·各階段生態友善作爲討論 ·異常狀況通報及處理	E01 生態評估人員／民眾參與意見紀錄表 E02 生態疑義／異常狀況處理
提報	1、2	·勘查記錄 ·方案概估	P01 提報階段附表

階段	類別	辦理內容及流程	表單
規劃設計	1	·提供工程設計圖及相關資料	D11 工程設計資料 D12 工程方案的生態評估分析
	2	·棲地類型附表勾選	D2-1～5 棲地類型附表
施工	1	·施工前說明會 ·現場勘查 ·生態友善措施討論定案 ·督導	C11 生態評估紀錄表（由施工廠商填寫） C01 自主檢查表（由施工廠商填寫）
	2	·督導	C01 自主檢查表（由施工廠商填寫）
維護管理	1	·規劃巡查及維管工作	M01 工程生態評析

表 2-11　設計監造需要辦理的內容、流程與表單

階段	類別	辦理內容及流程	表單
不分階段	1、2	·現場勘查 ·意見回覆 ·各階段生態友善作爲討論 ·異常狀況通報及處理	E01 生態評估人員／民眾參與意見紀錄表 E02 生態疑義／異常狀況處理
規劃設計	1	·提供工程設計圖及相關資料	D11 工程設計資料 D12 工程方案的生態評估分析
	2	·棲地類型附表勾選	D2-1～5 棲地類型附表
施工	1	·施工前說明會 ·現場勘查 ·生態友善措施討論定案	C11 生態評估紀錄表（由施工廠商填寫） C01 自主檢查表（由施工廠商填寫）
	2	·棲地類型附表勾選	D2-1～5 棲地類型附表

表 2-12　施工廠商需要辦理的內容、流程與表單

階段	類別	辦理內容及流程	表單
不分階段	1	·現場勘查 ·意見回覆 ·各階段生態友善作爲討論 ·異常狀況通報及處理	E01 生態評估人員／民眾參與意見紀錄表 E02 生態疑義／異常狀況處理
	2	·意見回覆 ·異常狀況通報及處理	E02 生態疑義／異常狀況處理
施工	1	·施工前說明會 ·現場勘查 ·生態友善措施討論定案 ·填寫 C11 生態評估紀錄表和 C01 自主檢查表	C11 生態評估紀錄表 C01 自主檢查表
	2	·棲地類型附表勾選	D2-1～5 棲地類型附表

四、生態友善機制圖資

生態友善機制除了需要準備相關檢核表外，於工程提報階段、規劃設計階段也需要繪製相關圖資輔助說明各階段的生態友善作爲。相關生態友善機制的各類圖資如表 2-13 所示。

林務局（2019）的國有林治理工程生態友善機制手冊有關工程生態情報圖的工程範圍套繪圖層檢核範例如圖 2-1 所示；工程生態情報圖參考範例則如圖 2-2 所示。生態關注區域圖分析過程及其範例分別如圖 2-3 與圖 2-4 所示。兩套生態友善措施平面圖範例分別示如圖 2-5 與圖 2-6。

表 2-13 生態友善機制各類圖資說明

工程階段	提報	規劃設計→施工	
對應生態友善作為	生態友善原則	生態友善對策	生態友善措施
圖資名稱	工程生態情報圖	生態關注區域圖	生態友善措施平面圖
目的	了解工程點位是否位於法定生態保護區及重要生態敏感區，協助生態友善機制分級判斷	確認治理工程潛在影響範圍以及生態保全對象	讓監造單位與施工廠商透過工程設計圖說迅速掌握各項生態友善措施與生態保全對象位置
說明	套疊相關生態圖資判斷工程區位是否位在生態敏感區內，以及取得鄰近的生態情報	工區周圍棲地的重要性與敏感性判釋	將生態友善措施標註於工程設計平面圖
功能	輔助判斷各工程的分級以及掌握工區周圍生態資訊	呈現工程周圍不同敏感等級區位，以利工程設計運用迴避、縮小、減輕及補償順序研擬生態友善對策	幫助工程人員了解友善措施內容與配置，據以施作
附註	所有工程皆須繪製此圖資	僅屬第 1 類生態友善機制的工程須繪製	屬第 1 類與第 2 類生態友善機制的工程皆須繪製

表 2-14 生態關注區域圖顏色敏感度判別標準與設計原則

等級	顏色（陸域／水域）	判斷標準	地景生態類型	工程設計施工原則
高度敏感	紅／藍	屬不可取代或不可回復的資源，或生態功能與生物多樣性高的自然環境	如自然森林、生態較豐富的棲地（如溼地）、保育類動物潛在活動範圍、稀有及瀕危植物棲地、天然河溪地形、岩盤等未受人爲干擾或破壞的地區	優先迴避
中度敏感	黃／淺藍	過去或目前受到部分擾動、但仍具有生態價值的棲地	如竹林闊葉混合林或人爲干擾程度相對較少的區域，可能爲部分物種適生棲地或生物廊道；而近自然森林、先驅林、裸露礫石河床、草生地等，可逐漸演替成較佳的環境	1.迴避或縮小干擾 2.棲地回復
低度敏感	綠／-	人爲干擾程度大的環境	如大面積竹林、農墾地	1.施工擾動限制在此區域 2.進行棲地營造
人爲干擾	灰／淺灰	已受人爲變更的地區	如房屋、道路、已有壩體的河段、護岸等人爲設施	

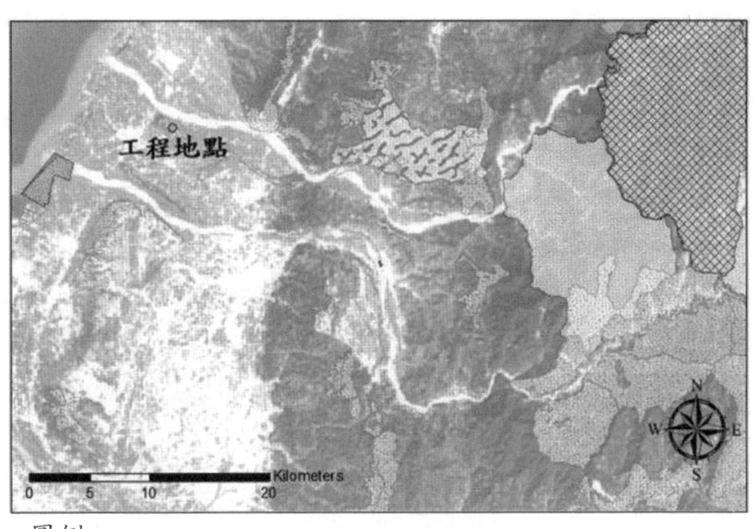

圖例

雪霸自然保護區
太魯閣國家公園
雪霸國家公園
保安林地
七家灣溪溼地
東勢人工溼地
高美溼地
台中市武陵櫻花鉤吻鮭重要棲息環境
台中市高美溼地野生動物重要棲息環境
IBA

套疊圖層		涉及
保安林		是
水庫集水區		否
重要生態敏感區	野生動物重要棲地環境	否
	自然保留區	否
	自然保護區	否
	國家公園	否
	重要溼地	否
	重要野鳥棲地（IBA）	否

* 木工區非屬野生動物重要棲地環境及相關保護保留區內。

圖 2-1　工程範圍套繪圖層檢核範例（國有林治理工程生態友善機制手冊，林務局，2019）

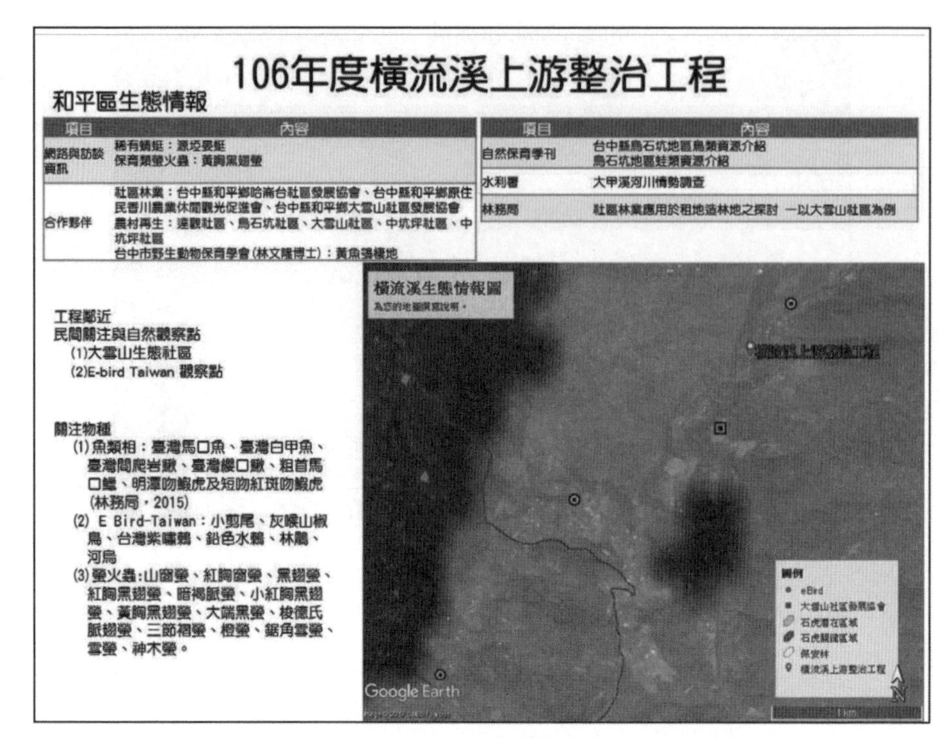

圖 2-2　工程生態情報圖參考範例（國有林治理工程生態友善機制手冊，林務局，2019）

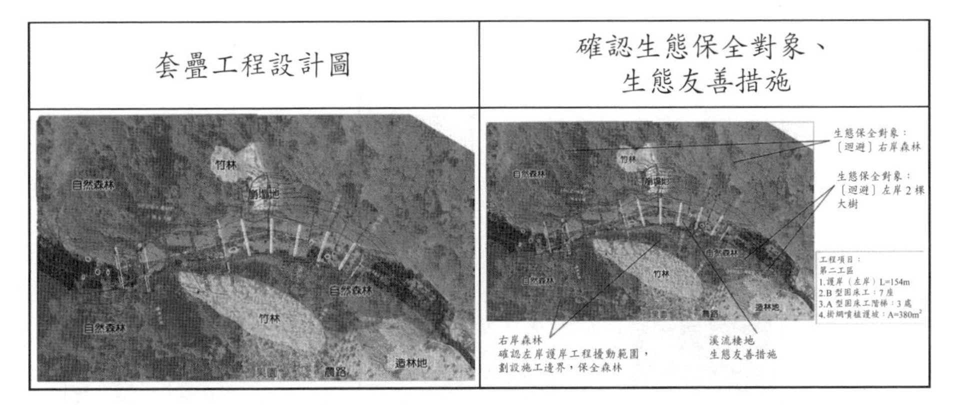

圖 2-3　生態關注區域圖分析過程（國有林治理工程生態友善機制手冊，林務局，2019）

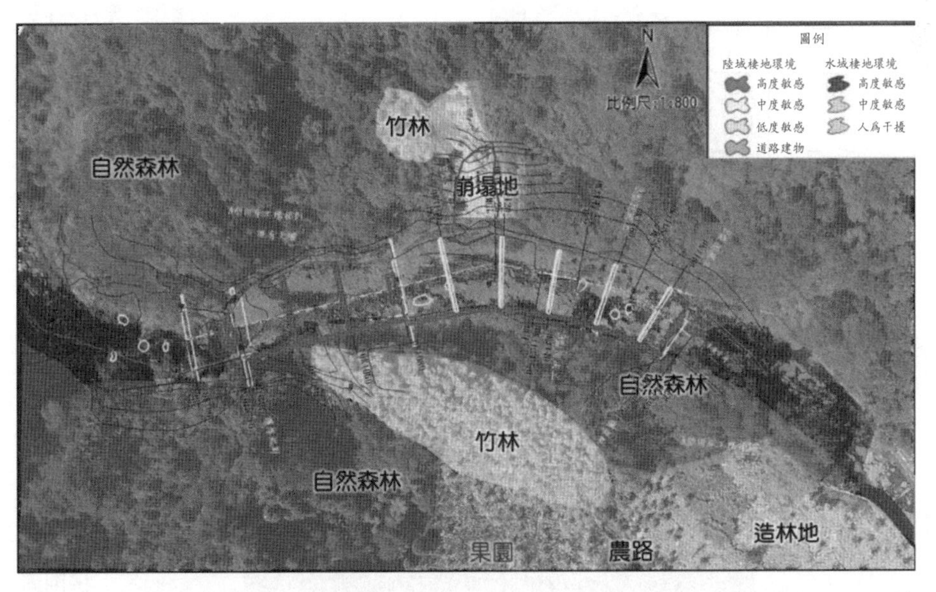

圖 2-4　生態關注區域圖範例（國有林治理工程生態友善機制手冊，林務局，2019）

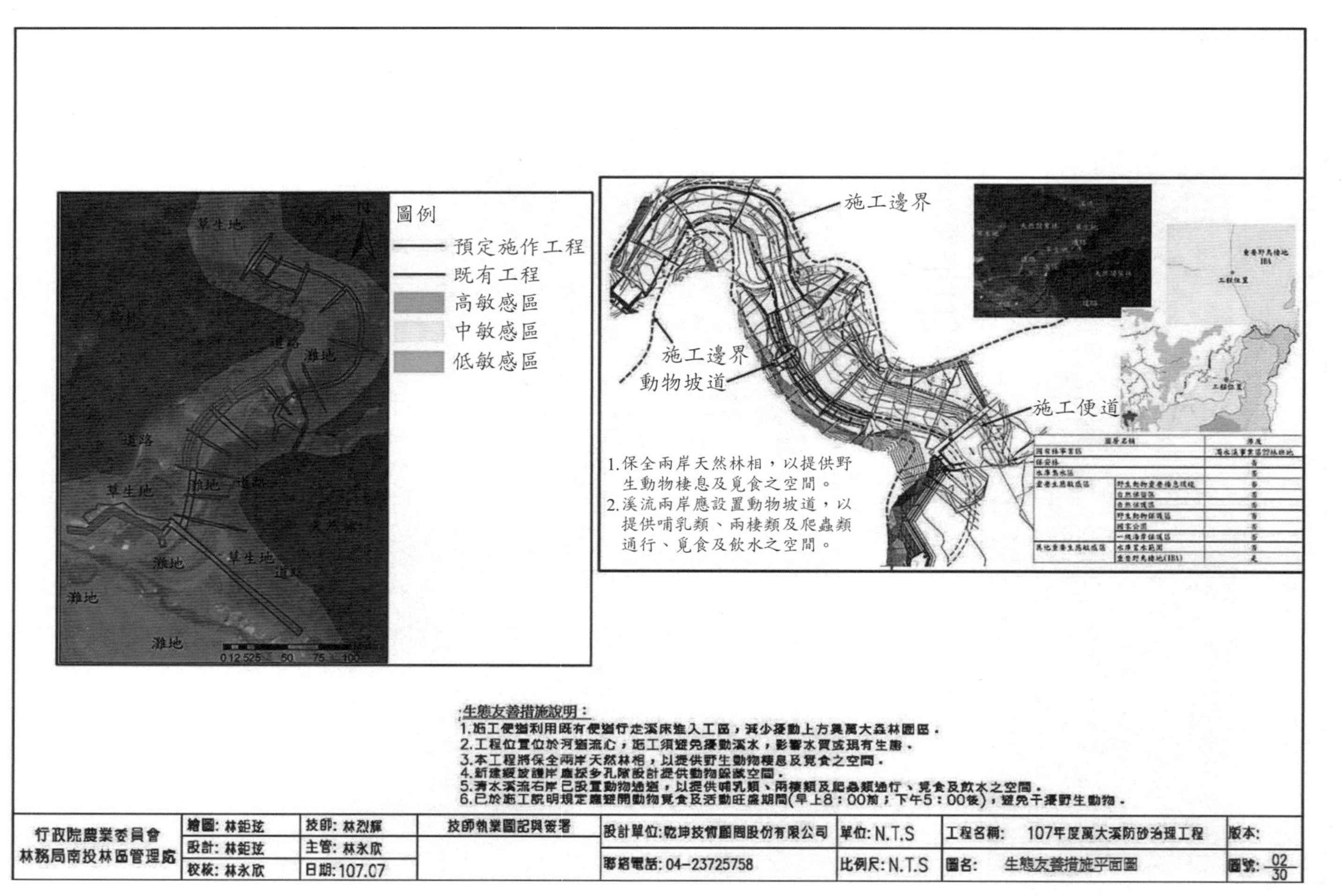

圖 2-5　生態友善措施平面圖範例 1（國有林治理工程生態友善機制手冊，林務局，2019）

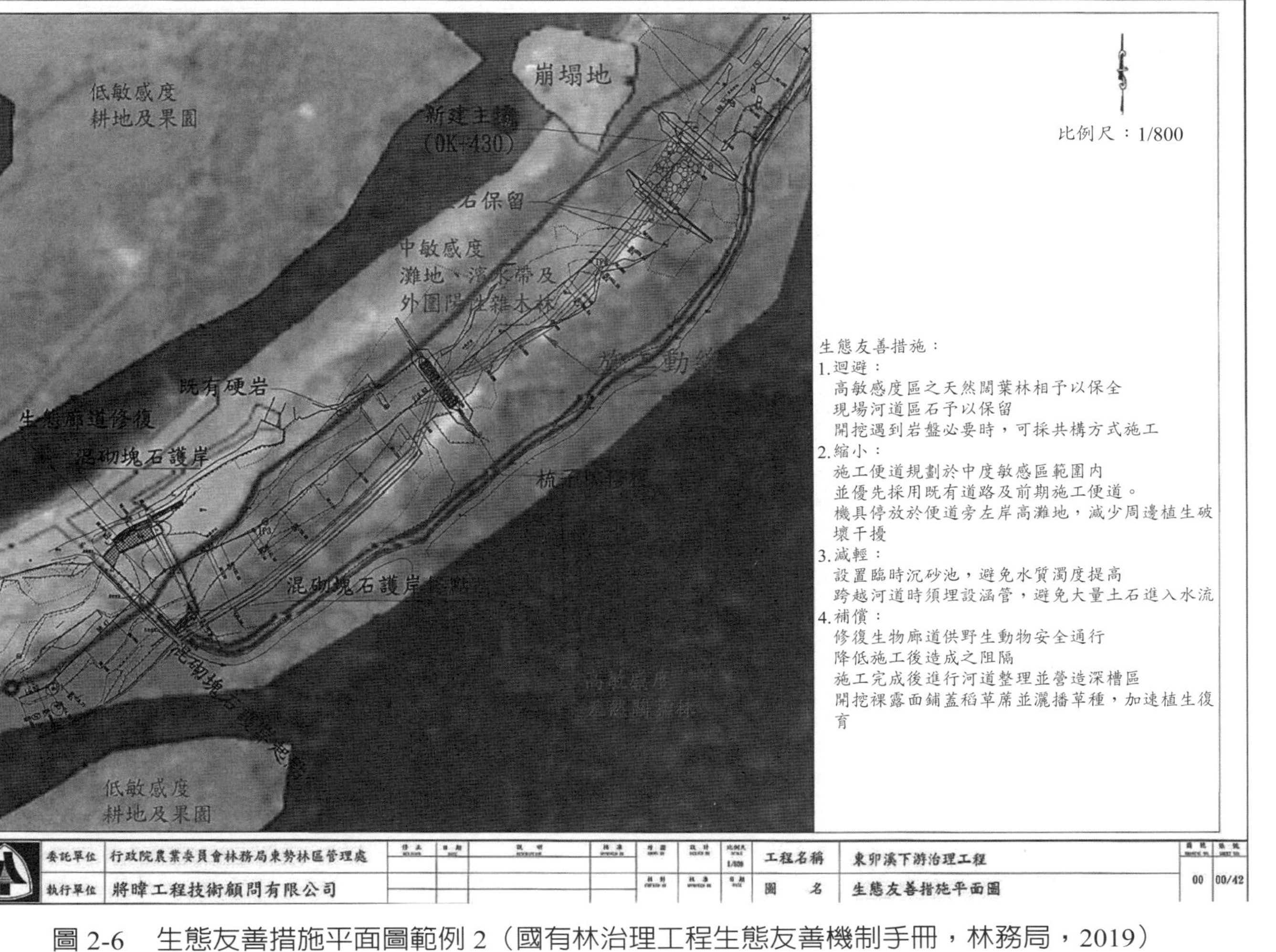
低敏感度
耕地及果園
崩塌地
新建主橋
(0K+430)
石保留
中敏感度
灘地、濱
外圍
既有硬岩
混砌塊石護岸
混砌塊石護岸
低敏感度
耕地及果園
比例尺：1/800
生態友善措施：
1.迴避：
高敏感度區之天然闊葉林相予以保全
現場河道區石予以保留
開挖遇到岩盤必要時，可採共構方式施工
2.縮小：
施工便道規劃於中度敏感區範圍內
並優先採用既有道路及前期施工便道。
機具停放於便道旁左岸高灘地，減少周邊植生破壞干擾
3.減輕：
設置臨時沉砂池，避免水質濁度提高
跨越河道時須埋設涵管，避免大量土石進入水流
4.補償：
修復生物廊道供野生動物安全通行
降低施工後造成之阻隔
施工完成後進行河道整理並營造深槽區
開挖裸露面鋪蓋稻草蓆並灑播草種，加速植生復育
委託單位 行政院農業委員會林務局東勢林區管理處
執行單位 將暐工程技術顧問有限公司
工程名稱 東卯溪下游治理工程
圖 名 生態友善措施平面圖
1/800
00 00/42

圖 2-6 生態友善措施平面圖範例 2（國有林治理工程生態友善機制手冊，林務局，2019）

第三章　生態資料蒐集

3-1　生態資料蒐集

作爲指認生態保全對象的基礎評估資訊，須包含但不限於下列項目：

1. 法定自然保護區：
   (1) 自然保留區。
   (2) 野生動物保護區。
   (3) 野生動物重要棲息環境。
   (4) 國家公園。
   (5) 國家自然公園。
   (6) 國有林自然保護區。
   (7) 國家重要溼地。
   (8) 海岸保護區等。
2. 生物多樣性的調查報告、研究及保育資料。
3. 各界關注的生態議題。
4. 國內既有生態資料庫套疊成果。
5. 現場勘查記錄生態環境現況，可善用及尊重地方知識，透過訪談當地居民了解當地對生態環境的知識、生物資源利用狀況、人文及土地倫理。

3-2　法律依據

一、「國家公園」及「國家自然公園」是內政部營建署依《國家公園法》所劃定公告，是爲了保護國家特有的自然風景、野生物及史蹟。

二、「自然保留區」、「地質公園」是農委會林務局依《文化資產保存法》公布實行。

三、國有林自然保護區依《台灣林業經營改革方案》設立，後來「自然保護區」是農委會林務局依《森林法》經營管理國有林的需要及《自然保護區設置管理辦法》而劃設。

四、「野生動物保護區」及「野生動物重要棲息環境」是依《野生動物保育法》由農委會或各縣市政府所劃定公告。

臺灣自然生態保護區種類及其面積統計如表 3-1 所示：

表 3-1 臺灣自然生態保護區種類及其面積統計表

類別	處數	面積（公頃）		
		陸域	水域	總計
國家公園	9	310,567.96	438,573.71	749,141.67
國家自然公園	1	1,131.19	0	1,131.19
自然保留區	22	65,354.97	117.18	65,575.00
野生動物保護區	21	27,145.57	295.88	27,396.00
野生動物重要棲息環境	39	325,987.02	76,595.88	402,759.00
自然保護區	6	21,171.43		21,170.00
地質公園	9	18,323.00		18,323.00
國家重要溼地	42			41,894.00
一級海岸保護區	301			
二級海岸保護區	469			

3-3 自然保留區

1982 年，文化資產保存法將自然文化景觀依特性分爲生態保育區、自然保留區和珍貴稀有動、植物等三大類。自然保留區（nature reserve）是指具有代表性的生態體系，可展現生物多樣性或獨特地形、地質意義，可展現自然地景的多樣性。以及具有基因保存永久觀察、教育研究價值的自然、保存完整區域。目前已經公告的自然保留區有 22 處。

表 3-2　臺灣自然保留區名冊

名稱	面積（公頃）
哈盆自然保留區	333
鴛鴦湖自然保留區	374
坪林台灣油杉自然保留區	35
淡水河紅樹林自然保留區	76
苗栗三義火炎山自然保留區	219
臺東紅葉村臺東蘇鐵自然保留區	290
大武事業區台灣穗花杉自然保留區	86
大武山自然保留區	47,000
插天山自然保留區	7,759
南澳闊葉樹林自然保留區	200
澎湖玄武岩自然保留區	19
阿里山台灣一葉蘭自然保留區	52
出雲山自然保留區	6,249
烏山頂泥火山自然保留區	3.88
挖子尾自然保留區	30
烏石鼻海岸自然保留區	347
墾丁高位珊瑚礁自然保留區	138
九九峰自然保留區	1,198
澎湖南海玄武岩自然保留區	176
旭海觀音鼻自然保留區	841
北投石自然保留區	0.2
龍崎牛埔惡地自然保留區	149
合計	65,575

3-4 野生動物保護區

《野生動物保育法》第 10 條規定：地方主管機關得就野生動物重要棲息環境有特別保護必要者，劃定爲野生動物保護區，擬訂保育計畫並執行的；必要時，並得委託其他機關或團體執行。已經公布的臺灣野生動物保護區有 21 處。

表 3-3 臺灣野生動物保護區名冊

名稱	面積（公頃）
澎湖縣貓嶼海鳥保護區	36
高雄市那瑪夏區楠梓仙溪野生動物保護區	274
宜蘭縣無尾港水鳥保護區	101
臺北市野雁保護區	203
臺南市四草野生動物保護區	515
澎湖縣望安島綠蠵龜產卵棲地保護區	23
大肚溪口野生動物保護區	2,669
棉花嶼、花瓶嶼野生動物保護區	226
蘭陽溪口水鳥保護區	206
櫻花鉤吻鮭野生動物保護區	7,124
臺東縣海端鄉新武呂溪魚類保護區	292
玉里野生動物保護區	11,414
馬祖列島燕鷗保護區	71
新竹市濱海野生動物保護區	1,600
臺南縣曾文溪口北岸黑面琵鷺動物保護區	300
雙連埤野生動物保護區	17
臺中市高美野生動物保護區	701
桃園高榮野生動物保護區	1
翡翠水庫食蛇龜野生動物保護區	1,295

名稱	面積（公頃）
桃園觀新藻礁生態系野生動物保護區	315
馬祖列島雌光螢野生動物保護區	13
合計	27,396

3-5　野生動物重要棲息環境

《野生動物保育法》第 3 條定義，棲息環境係指維持動植物生存的自然環境。已經公布的臺灣野生動物重要棲息環境有 39 處。

表 3-4　臺灣野生動物重要棲息環境名冊

名稱	面積（公頃）
棉花嶼野生動物重要棲息環境	201
花瓶嶼野生動物重要棲息環境	25
臺中市武陵櫻花鉤吻鮭重要棲息環境	7,095
宜蘭縣蘭陽溪口野生動物重要棲息環境	206
澎湖縣貓嶼野生動物重要棲息環境	36
臺北市中興橋永福橋野生動物重要棲息環境	245
高雄市那瑪夏區楠梓仙溪野生動物重要棲息環境	274
大肚溪口野生動物重要棲息環境	2,670
宜蘭縣無尾港野生動物重要棲息環境	113
臺東縣海端鄉新武呂溪野生動物重要棲息環境	292
馬祖列島野生動物重要棲息環境	71
玉里野生動物重要棲息環境	11,414
棲蘭野生動物重要棲息環境	55,991
丹大野生動物重要棲息環境	109,952
關山野生動物重要棲息環境	69,077

名稱	面積（公頃）
觀音海岸野生動物重要棲息環境	519
觀霧寬尾鳳蝶野生動物重要棲息環境	23
雪山坑溪野生動物重要棲息環境	670
瑞岩溪野生動物重要棲息環境	2,574
鹿林山野生動物重要棲息環境	494
浸水營野生動物重要棲息環境	1,119
茶茶牙頓山野生動物重要棲息環境	2,004
雙鬼湖野生動物重要棲息環境	47,723
利嘉野生動物重要棲息環境	1,022
海岸山脈野生動物重要棲息環境	3,300
水璉野生動物重要棲息環境	339
塔山野生動物重要棲息環境	696
新竹市香山溼地野生動物重要棲息環境	1,600
臺南市曾文溪口野生動物重要棲息環境	634
宜蘭縣雙連埤野生動物重要棲息環境	750
臺中市高美野生動物重要棲息環境	701
臺南市四草野生動物重要棲息環境	523
雲林湖本八色鳥野生動物重要棲息環境	1,737
嘉義縣鰲鼓野生動物重要棲息環境	664
桃園高榮野生動物重要棲息環境	1
翡翠水庫食蛇龜野生動物重要棲息環境	1,295
桃園觀新藻礁生態系野生動物重要棲息環境	396
中華白海豚野生動物重要棲息環境	76,300
馬祖列島雌光螢野生動物重要棲息環境	13
合計	402,759

3-6　國家公園

依據《國家公園法》第六條規定，國家公園的選定基準如下：

1. 具有特殊景觀，或重要生態系統、生物多樣性棲地，足以代表國家自然遺產者。
2. 具有重要的文化資產及史蹟，其自然及人文環境富有文化教育意義，足以培育國民情操，需由國家長期保存者。
3. 具有天然育樂資源，風貌特異，足以陶冶國民情性，供遊憩觀賞者。

目前我國有 9 座國家公園：包含墾丁、玉山、陽明山、太魯閣、雪霸、金門、台江等國家公園，以及東沙環礁與澎湖南方四島兩座海洋國家公園。

表 3-5　臺灣國家公園名冊

國家公園	陸域	海域	全區
墾丁國家公園	18,084.00	15,206.00	33,290.00
玉山國家公園	103,121.40	0.00	103,121.40
陽明山國家公園	11,338.00	0.00	11,338.00
太魯閣國家公園	92,000.00	0.00	92,000.00
雪霸國家公園	76,850.00	0.00	76,850.00
金門國家公園	3,720.70	0.00	3,720.70
海洋國家公園	178.57	353,489.38	353,667.95
台江國家公園	4,905.00	34,405.00	39,310.00
澎湖南方四島國家公園	370.29	35,473.33	35,843.62
合計	310,567.96	438,573.71	749,141.67

3-7 國家自然公園

《國家公園法》第六條規定，國家公園的選定基準如下：

1. 具有特殊景觀，或重要生態系統、生物多樣性棲地，足以代表國家自然遺產者。
2. 具有重要的文化資產及史蹟，其自然及人文環境富有文化教育意義，足以培育國民情操，需由國家長期保存者。
3. 具有天然育樂資源，風貌特異，足以陶冶國民情性，供遊憩觀賞者。

合於前項選定基準而其資源豐度或面積規模較小，得經主管機關選定爲國家自然公園。目前我國有一座國家自然公園：壽山國家自然公園，面積 1131.19 公頃。

3-8 自然保護區（國有林自然保護區）

林務局爲保護涵蓋國有森林內各種不同代表性生態體系及稀有動植物，依森林法經營管理國有林的需要，於 1976 年擬具《台灣林業經營改革方案》，依據第 13 條：「發展國有林地多種用途，建設自然生態保護區及森林遊樂區，保存天然景物的完整及珍貴動植物的繁衍，以供科學研究，教育及增進國民康樂的用。」設立國有林自然保護區。後來，因爲精省作業，以及《文化資產法保存》和《野生動物保育法》陸續公布實行，經過重新檢討定位後，大部分國有林自然保護區業先後指定公告爲自然保留區、野生動物保護區或野生動物重要棲息環境。2004 年，增訂森林法第 17-1 條「爲維護森林生態環境，保存生物多樣性，森林區域內，得設置自然保護區，並依其資源特性，管制人員及交通工具入出；其設置與廢止條件、管理經營方式及許可、管制事項的辦法，由中央主管機關定的。」

農委會據以訂定《自然保護區設置管理辦法》，並依法重新公告雪霸、甲仙四德化石、十八羅漢山、海岸山脈臺灣蘇鐵、關山臺灣海棗、大武臺灣油杉等 6 處自然保護區。

表 3-6　臺灣自然保護區名冊

名稱	面積（公頃）
雪霸自然保護區	20,869
海岸山脈臺東蘇鐵自然保護區	38
關山臺灣海棗自然保護區	54
大武臺灣油杉自然保護區	5
甲仙四德化石自然保護區	11
十八羅漢山自然保護區	193
合計	21,170

3-9　國家重要溼地

溼地是指陸地與水域間全年或間歇地被水淹沒的土地。依據國際拉姆撒公約（Ramsar Convention, 1971），溼地廣泛的定義，是指「不論天然或人為、永久或暫時、靜止或流水、淡水或鹹水，由沼澤、泥沼、泥煤地或水域所構成的地區，包括低潮時水深六公尺以內的海域。」此外，美國聯邦常用的三項準則為：

1. 必須具有優勢水中植物。
2. 在表土下某一深度的土壤必須含水。
3. 在一最低限度的期間或頻率內必須為水淹沒或土壤含有飽和的水。

2 個國際級溼地，40 個國家級溼地，共 41,894 公頃。

表 3-7　臺灣國家重要溼地名冊

名稱		面積（公頃）	等級
曾文溪口溼地		3,001	國際
四草溼地		551	國際
夢幻湖溼地		1	國家
淡水河流域溼地	臺北港北堤溼地	357	國家
	挖子尾溼地	66	國家
	淡水河紅樹林溼地	109	國家
	關渡溼地	379	國家
	五股溼地	175	國家
	大漢新店溼地	559	國家
	新海人工溼地	31	國家
	浮洲人工溼地	42	國家
	打鳥埤人工溼地	24	國家
	城林人工溼地	28	國家
	鹿角溪人工溼地	18	國家
桃園埤圳溼地		1,120	國家
許厝港溼地		961	國家
新豐溼地		157	國家
鴛鴦湖溼地		374	國家
香山溼地		1,768	國家
西湖溼地		142	國家
七家灣溪溼地		7,221	國家
高美溼地		734	國家
大肚溪口溼地		3,817	國家
鰲鼓溼地		512	國家
朴子溪河口溼地		4,882	國家

名稱	面積（公頃）	等級
好美寮溼地	959	國家
布袋鹽田溼地	722	國家
八掌溪口溼地	628	國家
嘉南埤圳溼地	195	國家
北門溼地	1,791	國家
官田溼地	15	國家
七股鹽田溼地	3,697	國家
鹽水溪口溼地	453	國家
楠梓仙溪溼地	237	國家
大鬼湖溼地	39	國家
洲仔溼地	9	國家
南仁湖溼地	118	國家
龍鑾潭溼地	145	國家
新武呂溪溼地	317	國家
大坡池溼地	41	國家
卑南溪口溼地	912	國家
小鬼湖溼地	18	國家
花蓮溪口溼地	247	國家
馬太鞍溼地	6	國家
雙連埤溼地	17	國家
蘭陽溪口溼地	2,780	國家
五十二甲溼地	298	國家
無尾港溼地	642	國家
南澳溼地	200	國家
青螺溼地	250	國家
慈湖溼地	118	國家

名稱	面積（公頃）	等級
清水溼地	11	國家
合計	41,894	

3-10 海岸保護區

內政部 2017 年公告實施「修正全國區域計畫」規定，一級海岸保護區指「依據海岸管理法劃設的一級海岸保護區範圍或依據『臺灣沿海地區自然環境保護計畫』劃設的自然保護區」、二級海岸保護區指「依據海岸管理法劃設的二級海岸保護區範圍或依據『臺灣沿海地區自然環境保護計畫』劃設的一般保護區」。另外，依據海岸管理法第 12 條規定：

海岸地區具有下列情形的一者，應劃設爲一級海岸保護區，其餘有保護必要的地區，得劃設爲二級海岸保護區，並應依整體海岸管理計畫分別訂定海岸保護計畫加以保護管理：

1. 重要水產資源保育地區。
2. 珍貴稀有動植物重要棲地及生態廊道。
3. 特殊景觀資源及休憩地區。
4. 重要濱海陸地或水下文化資產地區。
5. 特殊自然地形地貌地區。
6. 生物多樣性資源豐富地區。
7. 地下水補注區。
8. 經依法劃設的國際級及國家級重要溼地及其他重要的海岸生態系統。
9. 其他依法律規定應予保護的重要地區。

一級海岸保護區應禁止改變其資源條件的使用。

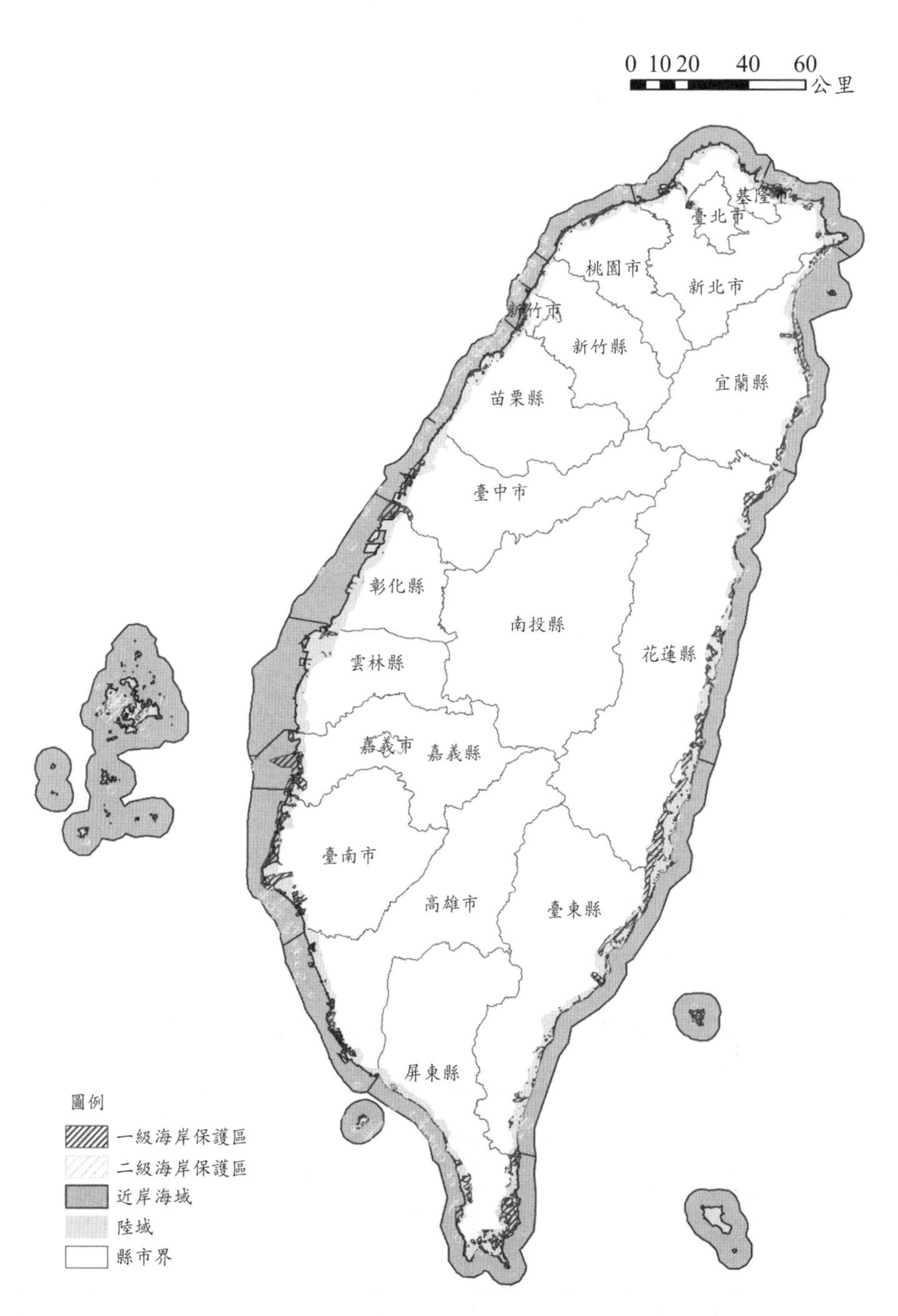

圖 3-1　臺灣本島海岸保護區第一階段劃設成果圖（內政部營建署海岸地區基本資料庫及資訊服務平台，2023）

一級海岸保護區位共 301 處；二級海岸保護區位共 469 處。

表 3-8 一級海岸保護區位（內政部營建署海岸地區基本資料庫及資訊服務平台，2023）

劃設項目	法律依據	處數
自然保留區	文化資產保存法	8
古蹟保存區		159
重要聚落保存區		1
飲用水水源水質保護區	飲用水管理條例	24
飲用水取水口一定距離		3
林業試驗用地	森林法	6
野生動物保護區	野生動物保育法	14
野生動物重要棲息環境		16
水產動植物繁殖保育區	漁業法	29
地質敏感區（地質遺跡）	地質法	6
溫泉露頭及其一定範圍	溫泉法	1
國際級重要溼地	溼地保育法	2
國家級重要溼地		31
自然人文生態景觀區	發展觀光條例	1

表 3-9 二級海岸保護區位（內政部營建署海岸地區基本資料庫及資訊服務平台，2023）

劃設項目	法律依據	處數
文化景觀保存區	文化資產保存法	12
歷史建築		275
聚落保存區		3
人工魚礁區及保護礁區	漁業法	157

劃設項目	法律依據	處數
礦業保留區	礦業法	3
自來水水質水量保護區	自來水法	19

3-11　地質公園

表 3-10　臺灣地質公園名冊

名稱	面積（公頃）
馬祖地質公園	369
草嶺地質公園	442
草漯沙丘地質公園	284
澎湖海洋地質公園	12,796
利吉惡地地質公園	3,173
東部海岸富岡地質公園	608
野柳地質公園	369
龍崎牛埔惡地地質公園	132
高雄泥岩惡地地質公園	150
合計	18,323

第四章　生態調查及評析

4-1　生態調查及評析

公共工程委員會規定的生態調查及評析包含下列 6 項工作：

1. 棲地調查：進行現地調查，將棲地或植被予以記錄及分類，並繪製空間分布圖，作爲生態保全對象的基礎評估資訊。
2. 棲地評估：進行現地評估，指認棲地品質（如透過棲地評估指標等方式確認），作爲施工前、施工中及施工後棲地品質變化依據。
3. 指認生態保全對象：生態保全對象包含關注物種、關注棲地及高生態價值區域等。
4. 物種補充調查：依生態資料蒐集及棲地調查結果，根據工程影響評析及生態保育作業擬定的需要，決定是否及如何進行關注物種或類群的調查。
5. 繪製生態關注區域圖：將前述生態資料蒐集、棲地調查、棲地評估、生態保全對象及物種補充調查的階段性成果，疊合工程量體配置方式及影響範圍繪製成生態關注區域圖，以利工程影響評析、擬定生態保育措施、規劃生態保育措施監測。
6. 工程影響評析：綜合考量生態保全對象、關注物種特性、關注棲地配置與工程方案的關聯性，判斷可能影響，辦理生態保育。

4-2　棲地品質評估

棲地品質評估可以呈現整治前後的生態棲地狀況，提供生態檢核、生態調查、治理工程規劃與執行等人員分析生態課題，研擬保育策略，監測工程對生態的干擾與影響，同時可提供棲地保護或完工後恢復成效參考的工具。節錄自林務局（2019）《國有林治理工程生態友善機制手冊》附件二的「野溪治理工程生態追蹤評估指標」，該指標操作原則、適用環境與施行限制如下：

1. 適用於可涉水而過的山區野溪。
2. 評估指標特點在於藉由目視分級評分，評估河溪棲地品質與生態功能，適用於生態人員臨場快速評估生態狀況與工程人員生態友善設計參考使用。
3. 評估溪段長度基本上爲預定工區擾動範圍，一般介於 30～100 公尺間。超過 100 公尺，或溪段特性差異明顯時，應分段評估。
4. 評估溪段位點與範圍確定後，施行評估過程應先區分程度等級（佳、良好、普通、差），取中間值後，依現場細部棲地特性作分數微調。分數微調以評估溪段最重要或最具影響力的因子爲優先，加扣分以不超過 2 分或不越級爲原則。加扣分建議以外的狀況，則由評估人員依溪流生態學原理原則決定分數微調幅度。程度等級區分與分數微調，均應說明理由與依據。
5. 評估指標爲評估個案工程棲地環境的時間與空間變化量，應考量時間上（施工前）或空間上（工區上游或鄰近特徵相近溪段）的參考點，以了解評估溪段環境自然度與治理前棲地物理品質，並比較河溪治理工程的生態衝擊與成效。
6. 評估指標爲評估個案工程棲地環境的時間與空間變化量，不宜用於比較不同溪段的工區棲地品質。
7.「野溪治理工程生態追蹤評估指標」易受主觀意識影響，建議評估人員應受過相關課程訓練，並具實務操作經驗，以確保評估標準與品質一致。

4-3　評估項目的生態意義與評估標準

一、溪床自然基質多樣性

本評估項目在於了解溪床上可供水域生物利用的自然基質佔溪床的比例。優先考量粒徑多樣性，其次爲有機性基質如落葉、枝條、樹幹、倒木等。

當溪流中擁有多種且足量的自然基質，且所占面積比例高，即可爲不同的溪流水生生物物種提供多樣性棲位與利用空間，與生物躲藏、覓食、繁衍後代的環境。若棲地基質的多樣性與面積縮減，棲地易趨向單一化，溪流緩衝人爲與自然擾動能力降低，不利水生生物棲息與利用。

二、溪床底質包埋度

本評估項目在於了解溪床中的礫石、卵石與漂石被泥砂覆蓋的程度。包埋度低代表溪床塊石間有足夠的孔隙度，能提供底棲水生生物如藻類、水生昆蟲、鰕虎、爬岩鰍與蝦蟹等生物棲息利用。

底質包埋的成因是河溪泥沙因爲流速或地形影響沉積，或是人爲工程覆土整平。

三、流速水深組合

流速水深組合的定義如表 4-1：

表 4-1　棲地流速水深組合

棲地形態	流速（cm/s）	水深（cm）	說明
淺瀨	>30	<30	急流淺水，激起水花
淺流	<30	<30	緩流淺水，無水花
深流	>30	>30	急流深水

棲地形態	流速（cm/s）	水深（cm）	說明
深潭	<30	>30	緩流深水
岸邊緩流	<30	<10	靜流淺水

溪流擁有以上五種流速水深組合，表示水域棲地環境的多樣性高，視爲最佳的狀況，可提供不同生物利用的生棲環境，例如仔魚與蝌蚪能利用緩流淺水的水域覓食，並且躲避掠食者；緩流深水與急流深水則爲較大型溪流魚類生存的空間；急流淺水的高含氧量能夠被部分水生昆蟲利用，亦是底棲魚類如爬岩鰍的棲地。靜流淺水則是魚苗或仔魚的主要棲息環境。若溪流的流速水深組合貧乏，表示棲地環境趨向單調化，直接影響可涵養的生物多樣性。

在分級確定後，生態評估人員就現場的觀察與狀況，依以下建議酌以加扣分。當溪床有存在湍瀨或深潭；或是有粒徑 3 公尺以上大石巨石；瀨潭連續交錯；或是發現好高溶氧水生生物利用；或完工後重新鋪石、拋石、棲地營造、改善與恢復等。得酌予加分，加分以不超過分級上限爲原則。

當溪流缺乏連續湍瀨、深潭或岸邊緩流；或形成漫流。得酌予扣分，扣分以不超過分級下限爲原則。

當評估溪段出現乾涸、斷流或伏流現象，無流速水深組合，表示水域生態系崩潰消失，以 0 分計。

四、湍瀨出現頻率

了解評估溪段的瀨潭交換頻率。交換頻率改變顯示水域棲地的溶氧、通透性、異質性與多樣性改變，影響不同種類水生生物棲息與利用。湍瀨包括自然形成的淺瀨區與人工構造物所形成的跌水，爲溪段中補充溶氧和生物多樣性較高區域。在高坡降的溪流中，淺瀨湍流是維持水生昆蟲多樣性重要的棲地類型，此類棲地有大小不一的石塊激出水花曝氣，溶氧相對較高，是好清潔性或好高溶氧水生生物如長鬚石蠶、石蠅和石蛉的聚集處；因這一區域流速較高，也是喜好湍流的水生生物如爬岩鰍的出沒點。

本項湍瀨包括自然形成與因人工構造物所形成的湍瀨。當評估溪段出現乾涸、斷流或伏流現象，表示水域生態系崩潰消失，以 0 分計。

五、生態水深

即魚類可利用的有效水深。

當水深足夠時，水生動植物將有足夠生存利用的空間，可降低水生生物的生存壓力，增加其多樣性。溪流水深應當維持在可維持水生生態系的最下限，避免伏流斷流等極端狀況發生。當旱季水深不足時，深潭或水窪可提供水生生物避難所，生態價值相對重要。

當溪流發現有魚蝦蟹類利用；或是有水窪或深潭等避難所；或是水面覆蓋溪床比例超過75%等。得酌予加分，加分以不超過分級上限爲原則。

六、堤岸植生帶

了解河岸周遭植生帶狀況，並簡單區分人爲干擾程度。本項目聚焦在堤岸堤岸植生帶棲地與生態功能的保護與維持，最近研究了解堤岸植生帶是溪流及陸域生態系緩衝過度帶，具高生物多樣性的區域，是翠鳥、兩棲爬蟲、蜻蜓、豆娘、螢火蟲與小型哺乳類棲地。

堤岸植生帶提供多種生態功能，如滯洪蓄洪、穩定水溫水質、提供生物棲地與縱橫向通道、調節養分循環、穩定堤岸、減少土壤侵蝕等。然而在治理工程中常被視爲無利用價值的草生荒地與雜木林而移除。

濱溪植生分層以喬木優於灌叢，草本次之，視覆蓋比率得酌予加分。在林相上是天然林優於人工林，竹林、果園次之，草生地較差，道路建物最差，得視狀況酌予加分。當濱溪植被帶是灌叢和草本植被，缺乏喬木；或是明顯受人爲擾動如整地、砍伐、除草等造成植被消失或損傷；或是大樹因治理工程移除；或是有外來入侵種植物拓殖等。得酌予扣分，扣分以不超過分級下限爲原則。

當植被完全被移除，坡岸裸露，或混凝土包覆，或爲道路與建物用途，則爲 0 分。

七、濱溪植生帶寬度

了解河岸植生帶寬度，並簡單區分人爲干擾程度。本項目聚焦在堤岸河岸植生帶，或稱濱溪植生帶寬度的維持，當寬度愈大，則其所提供的棲地面積、緩衝功能與綠帶廊道功能則愈高。

植生帶至少 6 公尺方具最低生態效益，24 公尺以上爲健全的濱溪綠帶。當植被完全被移除，坡岸裸露或混凝土包覆，或爲道路與建物用途，則爲 0 分。

八、溪床寬度變化

本評估指標用於評估河溪治理的施工後溪床寬度／原溪床寬度的變化。

溪寬較窄，植生罩蓋度佳的溪流，水溫偏低也相對穩定，降低溪床因曝曬而高溫的機率，有助於良好水域生態維持。溪寬較窄，植物有機碎屑容易進入溪流食物鏈中。溪床寬度亦反映了動物從兩岸森林移動往來至流水區的距離，期間距離愈小，動物利用溪流的困難度與風險愈低，友善度與可利用性愈高。

九、縱向連結性

本評估指標用於評估溪流治理工程中，因橫向構造物防砂壩與固床工設置，對水生生物，尤其是洄游性魚類，或是陸域動物，所形成的縱向阻隔程度。

自然的溪流落差低，水流型態多樣，足以提供水生生物爲了生存、生育、避難、迴游所需的順暢縱向移動通道。尤其是臺灣常見的洄游生物如鱸鰻、日本禿頭鯊、湯鯉、黑鰭枝芽鰕虎、毛蟹與陸蟹等，必須依賴良好的縱向連結以完成其生活史。當評估溪段乾涸、斷流、伏流或構造物與溪床落差高於 200 公分以上，表示該處縱向連結完全阻斷，以 0 分計。

橫向構造物具高粗糙度、高孔隙度與低坡度有利水生生物通行。

自然的障礙如瀑布，不適用本評估指標，視爲特例個案討論。

有常流水或洄游性生物的溪流應重視此項目。

記錄時需特別註明調查日期、河道水深及枯、豐水期等作爲後續評估參考。

十、橫向連結性

本評估指標目的在了解評估溪段，橫向連結溪流水域棲地與兩岸陸域森林棲地的通暢程度。對陸生生物，尤其是依賴水陸域連結的食蟹獴、蛙類與陸蟹等，所形成的橫向阻隔程度。

自然的溪流坡岸落差低，可供動物通行的緩坡與路徑多，兩岸堤岸植生帶茂密完整，足以提供動物爲了生育、覓食、活動所需的順暢橫向移動通道與隱蔽環境，尤其是頻繁往來水陸域棲地，須從森林進入溪流覓食的「橫向連結性」指標生物食蟹獴；或是棲息於溪流，須進入陸域繁殖的蛙類和龜鱉類；或是棲息於森林底層，以溪流爲通道降海繁殖的陸蟹等。

低海拔（800 公尺以下）部分主要考慮龜鱉類可通行的坡度與最大落差，中、高海拔（800 公尺以上）非龜鱉類棲地，主要考慮兩棲類與食蟹獴可利用的坡度與最大落差。

當護岸每 40 公尺設置動物通道；或是動物通道設置位置連結自然棲地；或是濱溪植被帶恢復阻隔降低；或是邊坡粗糙度高或自然坡面等得酌予加分。

表 4-2 棲地品質評估項目評分標準

項目	佳	良好	普通	差
溪床自然基質多樣性	1.自然基質與溪床面積比≧ 70% 2.基質穩定且已有生物利用	1.70%> 自然基質與溪床面積比≧ 40% 2.基質穩定尚無生物利用	1.40%> 自然基質與溪床面積比≧ 20% 2.基質不穩定且無生物利用	自然基質與溪床面積比<20%
分數	16～20	11～15	6～10	1～5
溪床底質包埋度	礫石、卵石與漂石被泥砂覆蓋比≦ 25%	50% ≧礫石、卵石與漂石被泥砂覆蓋比 >25%	75% ≧礫石、卵石與漂石被泥砂覆蓋比 >50%	礫石、卵石與漂石被泥砂覆蓋比 >75%
分數	16～20	11～15	6～10	1～5
流速水深組合	具有 4 種以上組合	具有 3 種組合。缺少急流淺水狀態，得分會較缺乏其他狀態低	僅有 2 種組合。缺乏急流淺水或緩流淺水狀態，得分會較缺乏其他狀態低	單一組合
分數	16～20	11～15	6～10	1～5
湍瀨出現頻率	湍瀨間距與河寬比≦ 7	15 ≧湍瀨間距與河寬比 >7	25 ≧湍瀨間距與河寬比 >15	湍瀨間距與河寬比 >25
分數	16～20	11～15	6～10	1～5
生態水深	常流水深≧ 30cm	30cm> 常流水深≧ 15cm	15cm> 常流水深≧ 5cm	斷流、伏流或水深 <5cm
分數	16～20	11～15	6～10	1～5

項目	佳	良好	普通	差
堤岸植生帶	分層原生植被≧90%且很少人爲擾動	90%>分層原生植被（含人工造林）≧70%，有人爲擾動，但植生良好	70%>農墾地、果樹、竹林、外來物種等植被≧50%，明顯人爲擾動，具有裸露區域	農墾地、果樹、竹林、外來物種等植被<50%，人爲擾動嚴重
分數	左岸9～10	6～8	3～5	1～2
	右岸9～10	6～8	3～5	1～2
濱溪植生帶寬度	寬度≧18m且無人爲活動（道路；砍伐或農業活動）影響	18m>寬度≧12m，人爲活動影響輕微	12m>寬度≧6m，人爲活動影響嚴重	寬度<6m，人爲活動導致無植生狀態
分數	左岸9～10	6～8	3～5	1～2
	右岸9～10	6～8	3～5	1～2
溪床寬度變化	1.溪床寬<10m：寬度變化≦1.2 2.溪床寬>10m：寬度變化≦1.0	1.溪床寬<10m：1.5≧寬度變化>1.2 2.溪床寬>10m：1.2≧寬度變化>1.0	1.溪床寬<10m：2.0≧寬度變化>1.5 2.溪床寬>10m：1.5≧寬度變化>1.2	1.溪床寬<10m：寬度變化>2.0 2.溪床寬>10m：寬度變化>1.5
分數	16～20	11～15	6～10	1～5
縱向連結性	1.自然溪床 2.構造物與溪床高差≦25cm	50cm≧構造物與溪床高差>25cm	100cm≧構造物與溪床高差>50cm	構造物與溪床高差>100cm
分數	16～20	11～15	6～10	1～5

項目	佳	良好	普通	差
橫向連結性（海拔800m以下）	可通行長度≧30%；邊坡坡度≦30°；最大落差≦5cm	1.可通行長度≧30%；40°>邊坡坡度≧30°；10cm>最大落差≧5cm 2.30%>可通行長度≧20%；邊坡坡度≦30°；最大落差≦5cm	1.可通行長度≧30%；60°>邊坡坡度≧40°；20cm>最大落差≧10cm 2.30%>可通行長度≧20%；40°>邊坡坡度≧30°；10cm>最大落差≧5cm 3.20%>可通行長度≧10%；邊坡坡度≦30°；最大落差≦5cm	未達以上條件者
分數	左岸 9～10	6～8	3～5	1～2
	右岸 9～10	6～8	3～5	1～2
橫向連結性（海拔800m以上）	可通行長度≧20%；邊坡坡度≦40°；最大落差≦5cm	1.可通行長度≧20%；50°>邊坡坡度≧40°；10cm>最大落差≧5cm 2.20%>可通行長度≧10%；邊坡坡度≦40°；最大落差≦5cm	1.可通行長度≧20%；60°>邊坡坡度≧50°；20cm>最大落差≧10cm 2.20%>可通行長度≧10%；50°>邊坡坡度≧40°；10cm>最大落差≧5cm 3.10%>可通行長度≧5%；邊坡坡度≦40°；最大落差≦5cm	未達以上條件者

項目	佳	良好	普通	差
分數	左岸 9～10	6～8	3～5	1～2
	右岸 9～10	6～8	3～5	1～2

4-4　生態調查方法

一、水域生物

表 4-3　水域生物調查方法

種類	調查方法	調查內容
浮游藻類	採樣瓶法	葉綠素 a 含量，或種類組成與細胞密度
附生藻類	載玻片法	葉綠素 a 含量與有機含量，或種類組成與細胞密度
	基質採樣法	
固著性大型植物	標準樣區法	種類、生物量、植株密度與群集結構
	穿越線法	
	區塊調查法	
浮游動物	浮游生物網採集法	種類、組成、個體量、生物量、密度及總數量
底棲動物	底泥採樣器採樣法	種類和豐度、密度、生物量與群集結構
	蝦籠誘捕法	
水棲昆蟲	活動陷阱	種類、豐度、密度、生物量、功能攝食群與群集結構
	人工底質法	
大型表棲動物	定點計數法	種類、數量，出現位置與棲地環境
魚類	垂釣法	成魚種類組成、數量、體長大小、生物量及其生物學特性，以及魚卵及仔稚魚種類組成，密度、生物量與出現季節
	誘捕法	
	網捕法	

種類	調查方法	調查內容
	電魚法	
	目視遇測法	

二、鳥類、兩棲爬蟲類和哺乳類動物

鳥類、兩棲爬蟲類和哺乳類動物的調查內容包含種類組成、數量、出現時間與季節以及出現地點。

表 4-4　鳥類調查方法

類別	調查方法	
鳥類	穿越線法	
	定點計數法	
	群集計數法	
兩棲爬蟲類	穿越線法	
	鳴聲辨識法	
	自動錄音法	
	死亡動物調查	
	捕捉調查	陷阱調查法
		人工遮蔽物調查法
		撈網法
哺乳類動物	穿越線法	
	定點觀察法	
	紅外線照相機	
	氣味站	
	超音波偵測器	

類別	調查方法	
	捕捉調查	掉落式陷阱
		捕捉器
		霧網
	訪問調查	

4-5　坡地棲地評估指標

林務局國有林治理工程生態友善機制手冊的坡地棲地評估指標以量化方式評估工程前後植生現況，並可使用多次調查的評估結果，了解演替趨勢而提出改善建議，以利於工程點位選定、植生工法選用與評估、植生演替監測等使用。指標分數愈高則植生恢復情形愈良好，評估指標包含：

1. 木本植物覆蓋度：評估範圍內喬木及灌木覆蓋樣區面積的百分比率。一般認為木本植物生長所需時間較草本長，木本植物生長茂密的地區常被認為處於演替較後期的階段，植生狀況良好。
2. 植生種數（種／$100m^2$）：代表植物社會的多樣性。
3. 樣區原生種覆蓋度（%）：樣區內所有原生種覆蓋樣區面積的百分比率，原生種覆蓋度低為外來種入侵的象徵。
4. 植物社會層次：代表植物社會空間結構的複雜度，層次愈多，代表其植物社會組成愈複雜，愈趨向天然林環境。
5. 演替階段：代表植物群聚隨環境及時間變遷而發生變化的階段，即由演替初期至後期的過程。

首先於崩塌地、受工程影響的坡面或生態保全植被選取一個 10 公尺×10 公尺的樣區，針對前述五項因子進行評估分析。每項評估因子滿分為 4 分，指標總分 20 分，評估總分計算以 7、10、16.7 分為切分點，區分為不理想（≤ 7 分）、尚可（7< 值≤ 10）、次理想（10< 值≤ 16.7）、最

理想（>16.7）的植物社會。

表 4-5 坡地棲地品質評估項目評分標準

評估指標		說明			
		最理想	次理想	尚可	不理想
物種豐富度	木本植物覆蓋度（%）	木本植物覆蓋度 >55	55 ≧木本植物覆蓋度 >15	15 ≧木本植物覆蓋度 >0	木本植物覆蓋度 =0
物種豐多度	植生種數（種／ $100m^2$ ）	種數 >30	30 ≧種數 >20	20 ≧種數 >15	種數≦ 15
原生種族群量（%）	原生種覆蓋度	原生種覆蓋度 >65	65 ≧原生種覆蓋度 >30	30 ≧原生種覆蓋度 >10	原生種覆蓋度≦ 10
植物層次	植物層次社會	4 層以上結構	3 層結構	2 層結構	1 層結構或裸露
演替序列	演替階段	中後期物種優勢（後期）	先驅樹種優勢（中期）	草本物種優勢（初期）	裸露或外來物種優勢（拓殖期）
	分數	4	3	2	1

第五章　棲地評價模式

1970 年代中期美國就已經發展一套具有結構性、組織性，以棲地爲對象的評估方法。該方法以函數曲線代表棲地品質，探討棲地類型及其品質，並量化分析棲地生物和非生物的特徵。其中，常被採用的評估方法有：棲地評價系統（Habitat Estimation System, HES）和棲地評價程序（Habitat Estimation Procedure, HEP）兩種。綜合 Canter（1996）的 Environmental impact assessment 內容，以及 U.S. Fish and Wildlife Service（1980）的 Ecological Service Manual-Habitat as a Basis for Environmental Assessment 的範例，介紹如下。

5-1　棲地評價系統（HES）

1976 年，美國陸軍工兵團（U.S. Army Corps of Engineers）發展一套以棲地爲評估對象的棲地評價系統，用以評估密西西比溪谷的水資源計畫。該系統主要討論七個棲地型態，如淡水溪流、淡水湖泊、低地硬木森林、高地硬木森林、開闊（非森林）沼澤、淡水溪流沼澤和淡水非溪流沼澤等。1980 年則調整爲溪流、湖泊、樹林沼澤、高地森林、低地硬木森林、開闊地和水域棲地的陸域野生動物價值等。表 5-1 爲 1976 年和 1980 年 HES 的棲地型態比較。

表 5-1　HES 的棲地型態比較

HES（1976）	HES（1980）
淡水溪流	溪流
淡水湖泊	湖泊
低地硬木森林	樹林沼澤

HES（1976）	HES（1980）
高地硬木森林	高地森林
開闊（非森林）沼澤	窪地硬木森林
淡水溪流沼澤	開闊地
淡水非溪流沼澤	水域棲地的陸域野生動物價值

HES 係假設某一物種所需求的棲地是必要的，則此一類型棲地將是這物種的生存必要條件。該系統不能處理個別物種，而且，棲地的特徵常被用來作爲野生動物整體品質的指標。

一、執行HES的六個步驟

1. 取得棲地類型或土地利用面積等資料。
2. 求取棲地品質指數（Habitat Quality Index, HQI）。
3. 計算基線棲地單元價值（Baseline Habitat Unit Values, HUVs）。
4. 分別計算開發方案和零方案的 HUVs。
5. 使用 HUVs 評估替代方案的衝擊。
6. 以各個替代方案的衝擊面提出紓解或減輕方案。

其中，棲地單元價值爲棲地品質指數和棲地面積大小的乘積：

棲地單元價值＝棲地品質指數 × 棲地面積

而衝擊乃是開發方案棲地單元價值和零方案棲地單元價值的差值：

衝擊＝開發方案棲地單元價值－零方案棲地單元價值

如果該差值爲負值，則表示開發方案的衝擊是負面的，亦即該方案將造成環境損失。

在任何地區執行開發方案時，其環境品質必須要維持或恢復至與零方案的同一水準。藉由環境品質考量每一替代方案和最小衝擊的合併，以及發展或是結合各個方案的特色，減輕各方案對環境所造成的衝擊。開發行爲經常以復育地的數量和大小以減輕開發方案對環境的衝擊，因此，復育地的面積等於棲地單元價值年損失量除以每年從復育地所獲得的棲地品質指數。而 HES 很容易找出應進行復育的土地類型和數量，以抵銷方案對環境的衝擊。

$$\text{復育地面積}=\frac{\text{棲地單元價值年損失量}}{\text{每年從復育地所獲得的棲地品質指數}}$$

二、棲地評價系統的優缺點

（一）優點

1. 棲地品質指數（HQI）可以量化異質環境特徵。每個替代方案對環境的衝擊，可以有同樣標準的棲地單元價值（HUVs）進行評估。
2. 針對可行方案提供客觀方法比較，並可修正應用於其他區域。
3. 明確且有效率，僅需要少量田野調查或實驗室資料，許多變數測度可以目視快速決定，從過去文獻資料亦可得到大部分的函數曲線。
4. 具有彈性，即函數曲線與權重均可調整。

（二）缺點

變數曲線或權重選擇過於主觀。

三、水域生態系棲地型態的關鍵變數及其權重

溪流與湖泊棲地型態的關鍵變數及其權重分別如表 5-2 和表 5-3 所示：

（一）溪流

表 5-2　溪流棲地型態的關鍵變數及其權重

變數	權重
魚類物種	30
溪流蜿蜒度	20
總溶解固體	20
濁度	10
化學物質	10
底棲生物多樣性	10

（二）湖泊

表 5-3　湖泊棲地型態的關鍵變數及其權重

變數	權重
總溶解固體	30
春季洪水指數	20
平均深度	15
化學物質	15
濁度	15
岸線發展指數	5
總漁獲量	如可獲得
運動漁獲量	如可獲得

註：運動魚類：對垂釣者的運動是很重要的魚類

四、陸域生態系棲地型態的關鍵變數及其權重

樹林沼澤、高地森林、窪地硬木森林、開闊地與水域棲地的陸域野生動物價值的關鍵變數及其權重表如表 5-4、表 5-5、表 5-6、表 5-7 和表 5-8 所示。其中，權重爲使用者依當時社會經濟與生態標準自行定義。

（一）樹林沼澤

表 5-4　樹林沼澤棲地型態的關鍵變數及其權重

變數	權重
植物種類	14
覆蓋度	13
淹沒百分比	13
地面覆蓋 - 林下覆蓋	13
樹體主幹接近度	13
米徑大於 16 英吋的樹木數量	12
小徑大小	12
障礙數量	10

註：樹林沼澤主要由 20 英尺以上成林組成

（二）高地森林

表 5-5　高地森林棲地型態的關鍵變數及其權重

變數	權重
植物種類	17
優質木數量	16
林下植物百分比	14
地被植物百分比	15
大樹	14
小徑大小	13
障礙數量	11

（三）窪地硬木森林

表 5-6 窪地硬木森林棲地型態的關鍵變數及其權重

變數	權重
植物種類	17
優質木數量	16
林下植物百分比	14
地被植物百分比	14
大樹	14
小徑大小	14
障礙數量	11

（四）開闊地

表 5-7 開闊地棲地型態的關鍵變數及其權重

變數	權重
土地利用型態	15
土地利用多樣性	15
與地被覆蓋間距	15
與樹林間距	14
冬季洪水發生的頻率	14
小徑大小	13
周邊發展指數	14

（五）水域棲地的陸域野生動物價值

表 5-8 水域棲地的陸域野生動物價值的關鍵變數及其權重

變數	權重
7 月到 2 月間水體深度小於或等於 12 英吋的百分比	11
水生植物的覆蓋度	12

變數	權重
其他干擾物與道路間距	9
八月水深	9
與河流間距	10
障礙物／矮灌木叢覆蓋度	8
氾濫頻率	11
冬季氾濫	11
與樹林間距	8
水體大小	11

五、窪地硬木棲地案例

表 5-9　窪地硬木棲地加權後 HQI 分數

參數	資料	HQI 分數	權重	加權後 HQI 分數
植物種類	朴樹 - 榆樹 - 梣木	0.96	17	16.3
優質木數量	3（1 棵紅橡樹 & 2 棵白橡樹）	1	16	16.0
林下植物百分比	可口、觸手可及約 20%，6 種植物	0.32	14	4.5
地被植物百分比	約 35%，3 種以上植物	0.46	14	6.4
大樹	2（1 棵大於 24 英寸）	0.8	14	11.2
小徑大小	1,900 英畝，100% 樹林	0.8	14	11.2
障礙數量	6 個	0.92	11	10.1
合計				75.8

表 5-10　窪地硬木棲地的各類植物資料

林下植物	上層林冠	地被植物
沼澤女貞	朴樹	露莓
沼澤山茱萸	榆樹	綠薔薇
可口、觸手可及朴樹	梣木	柳枝稷
美國榆樹	堅果紅橡木	黑褐苔草
毒藤	琴葉櫟	綠梣木
綠薔薇	橡膠樹	

$$\text{Total HQI} = \frac{75.8}{100} = 0.76$$

表 5-11　各個替代方案在計畫生命週期的 HUV 值

計畫生命週期（年）	零方案			替代方案 A			替代方案 B			替代方案 C		
	英畝	HQI	HUV	英畝	HQI	HUV	英畝	HQI	HUV	英畝	HQI	HUV
0	1,000	0.80	800	1,000	0.80	800	1,000	0.80	800	1,000	0.80	800
10	900	0.80	720	725	0.75	544	900	0.75	675	1,000	0.85	850
25	850	0.80	680	600	0.75	450	900	0.70	630	1,000	0.85	850
50	800	0.80	640	500	0.70	350	900	0.65	585	1,000	0.90	900
總 HUV			34,600			24,172			32,350			42,875
年 HUV			692			483			647			858

$$\text{零方案年總 HUV} = \frac{(800+720)}{2}\times(10-0)+\frac{(720+680)}{2}\times(25-10)+\frac{(680+640)}{2}\times(50-25)=34{,}600$$

$$\text{零方案年 HUV} = \frac{34{,}600}{50} = 692$$

$$方案\ A\ 總\ HUV = \frac{(800+544)}{2}\times(10-0)+\frac{(544+450)}{2}\times(25-10)+\frac{(450+350)}{2}\times(50-25)=24{,}172$$

$$方案\ A\ 年總\ HUV = \frac{24{,}172}{50}=483$$

表 5-12 各個方案的補償地計算表

	方案		
	A	B	C
總 HUV	-10,428	-2,250	8,275
年 HUV	-209	-45	166
補償地	695	150	

	方案		
	A	B	C
總 HUV	-10,428	-2,250	8,275
年 HUV	-209	-45	166
補償地	695	150	

$$窪地森林損失：總\ HUV = 24{,}172 - 34{,}600 = -10{,}428$$

$$年\ HUV = 483 - 692 = -209$$

經營土地的年 HQI 分數減去沒有經營的年 HQI 分數等於 0.9 – 0.6 = 0.3。即經營潛能爲 0.3HQI。

$$補償地英畝=\frac{年\ HUV\ 損失量}{經營潛能（HQI）}$$

5-2 棲地評價程序（HEP）

美國環境影響研究最常使用的棲地評估方法為棲地評價程序（habitat evaluation procedure, HEP）。棲地評價程序發想於 1972 年，美國「魚類暨野生動物署」於 1976 年公布用來評估聯邦政府主要的水資源計畫。

一、概述

HEP 不僅可以應用在水資源計畫的環境影響評估作業中，也可以應用到其他型態的開發計畫。後來，美國「魚類暨野生動物署」於 1980 年發布 HEP-80。HEP 對於所選定的野生動物種類所適合的棲地，是一個可以提供定性與定量的方法。其中，野生動物包含水域和陸域動物種類。HEP 提供兩個比較資訊：

1. 同一時間不同區域的相對價值。
2. 同一區域與未來時間的相對價值。

HEP 的目的有下列數點：

1. 開發魚類和野生動物的非貨幣量化評估方法。
2. 提供對魚類和野生動物資源影響的一致預測系統。
3. 展示與比較替代方案對魚類和野生動物資源的正、負面影響。
4. 提供能夠補償或減輕對魚類和野生動物資源負面影響的替代方案。
5. 提供決策者和公眾資料以做出完好的決定。

二、棲地適宜性指數

HEP 假設所選定野生動物種類的棲地可以用量化的「棲地適宜性指數」（habitat suitability index, HSI），描述。棲地適宜性指數為研究區域棲地狀況與最佳棲地條件的比值，所以 HSI 值介於 0 與 1 之間。同時，HIS 可以用圖、文字或運算式表達。

HSI 值乘以有效棲地面積為「棲地單元」（habitat units, HUs）。其中，有效棲地為所有提供此物種生存所需的植被類型總面積。

應用 HEP 的第一個步驟包含下列 3 點：

1. 界定研究範圍，包含直接與間接受影響的範圍，並考慮生物的相關性，同時包含鄰近具有實際物理衝擊的區域。
2. 描述地面覆蓋的植被或棲地類型。
3. 選定標的物種。

（一）棲地型態的功能

棲地型態提供 HEP 模式 3 個基本功能：

1. 植被或棲地類型可以協助選取標的物種。
2. 當研究區域劃分為數個相對均質棲地區域時，在某種信賴程度下，可以套用其他有採樣調查區域的資料，以減少採樣的人力、物力與時間。
3. 將研究區域劃分為數個棲地型態有利於 HEP 資料的處理。

（二）標的物種種類與數量的選擇

典型的 HEP 會選定 4 到 6 個物種。下列 6 點技術考量和應用方法經常被用來選擇標的物種種類及其數量：

1. 對於開發計畫的特定土地利用行為具有敏感性，並能提前預警，或具有辨別環境變化能力的物種。
2. 在生態社會的營養循環或能量流中居於關鍵角色的物種。
3. 能夠代表一群利用相同環境資源的物種。

   水域棲地指南列名的條件有：

   (1) 餵養棲地。

   (2) 繁殖棲地。

   (3) 溫度忍受度與反應度。

   (4) 偏好棲地。

   (5) 潛在棲地改變如濁度、泥砂淤積的忍受度。
4. 具有公眾高度關注或經濟價值，或兩者皆有的物種。

5. HSI 模式中已經有所發展的物種，已經具有模式所需的環境資料庫。
6. 主管機關建議的物種。

三、棲地單元

HEP 係架構在研究區域內各個標的物種棲地單元值的計算，而棲地單元為棲地適宜性指數和棲地有效面積的乘積。如：

$$\text{棲地單元} = \text{棲地適宜性指數} \times \text{棲地有效面積}$$

其中，棲地適宜性指數為研究區域棲地狀況與最佳棲地條件的比值，如：

$$\text{棲地適宜性指數} = \frac{\text{研究區域棲地狀況}}{\text{最佳棲地條件}}$$

因此，HSI 值介於 0 與 1 之間。同時，HSI 可以圖、文字或運算式表示。理想的 HSI 模式可以是棲地涵容能力（carrying capacity）的可證明、量化的正相關指標。

四、案例

（一）美洲貂的棲地適宜性指數

美洲貂係棲習於北美地區次生林群落中，以松鼠等囓齒動物為主食，亦會捕食各種的鳥類、鳥蛋和魚類。大量生長於落葉成林，或針葉與落葉的混交林中。

冬季美洲貂的 HSI 模式可以下式表示：

$$HSI = [(SI_{v1})(SI_{v2})(SI_{v3})(SI_{v4})]^{1/2}$$

其中，HSI = 冬季常綠森林的美洲貂適宜性指數，

SI：適宜性指數

v_1 = 樹冠閉合度，以穿越線法或遙測調查高於 5 公尺樹冠垂直投影於地表的百分比，%。

v_2 = 上層林冠閉合度，以穿越線法或遙測調查雲杉或冷杉樹冠閉合度與所有上層林冠閉合度的百分比，%。

v_3 = 林木演替階段，森林群落處於成長的狀態。

森林成長的 4 個階段：

(1) 灌木 - 苗木

(2) 幼齡木

(3) 壯齡林

(4) 成熟林或過熟林

v_4 = 地表大於或等於 7.6 公分直徑枯枝落葉的覆蓋度，以穿越線法或象限法調查包含死去的樹幹、樹樁、根網或枝條等的百分比，%。

（二）白尾鹿的棲地單元

在已決定的時段中的數個地點，逐時評估方案執行後與未執行的物種棲息單位 HU。

表 5-13　白尾鹿的目標年棲地在執行與未執行狀況時的 HU 值

狀況別	目標年	面積（英畝）	HSI 值	總 HU 值
執行	基線	1000	0.75	750
	1	500	0.7	350
	20	500	0.2	100
	100	500	0.2	100
未執行	基線	1000	0.75	750
	1	1000	0.75	750
	20	900	0.6	540
	100	600	0.6	360

加總分析期間每年 HU 的正、負值後再除以生命週期年數。亦即

$$AAHU = 平均年棲地單元$$

衝擊評估可藉由分割研究區域成爲「衝擊區段」來完成。衝擊區段爲未來土地使用的特性和強度相同的地區。淨衝擊量可以表示如下式：

$$淨衝擊量 = AAHU_{執行} - AAHU_{未執行}$$

五、代價分析

不同替代方案的 HEP 可以藉由代價分析，trade-off analyses 完成。代價分析可以使用「相對價值指標」（relative value indices, RVIs）表示。

相對價值指標的計算有 3 個步驟：

1. 界定 RVI 準則的顯著性。
2. 依據準則評定每一個物種。
3. 將每一個準則的顯著性和每一個標的物種的評定等級轉換成 RVI 值。

表 5-14　各個標的物種的調整值計算表

標的物種	平均年 HU 值變化量	RVI 值	調整值
白尾鹿	-722	0.6	-433.2
松雞	-400	0.78	-312
紅松鼠	-300	0.1	-30
紅狐狸	-120	0.35	-42
黃腰鶯	-550	1	-550
合計			-1367.2

調整值係用以比較基線區和開發計畫，以決定最大衝擊發生在何處，亦可用以發展補償方案。

六、補償方案

經過迴避、縮小和減輕等復育對策後，開發計畫對生態棲地仍然造成不可恢復的衝擊時，就必須訂定補償方案。亦即應用特定經營方案，在既有棲地上，不一定要在衝擊區段，使 HU 產生淨增量。其中，補償目標有下列 3 種：

1. 完全補償：標的物種的 HU 補償。
2. 等價補償：僅 HU 補償，不限標的物種。
3. 相對補償：A 標的物種的 HU 損失由 B 標的物種的 HU 補償，補償值可由 RVI 換算。

5-3　HES 與 HEP 比較

表 5-15　HES 與 HEP 的比較

模式	HES	HEP
棲地評價程序	以群落爲基礎的棲地評價方法	以物種爲基礎的棲地評價方法
增量分析	與增量分析相容	與增量分析相容
本益比	與本益比相容	與本益比相容
專業接受度	高概念接受度	普遍接受
時間需求	僅需要 HEP 模式一半時間	勞力密集、高成本
生物量測工具	使用 HQI's 曲線決定 HU 值	HIS 值與棲地面積的乘積爲 HU 值
應用	特定區域的窪地	全國適用

5-4　棲地評價模式探討

除了美國的棲地評價系統和棲地評價程序外，臺灣也有水利工程快速棲地生態評估、坡地棲地評估，以及棲地品質評估等棲地評估系統，究竟這些棲地評估系統有何差異，值得進一步探討。

一、量化補償措施

棲地評價系統和棲地評價程序在評估開發前後的棲地單元價值或棲地單元的損失量後，都有補償措施或補償棲地的估算。臺灣政府機關使用的水利工程快速棲地生態評估、坡地棲地評估，棲地品質評估等僅有棲地評估總分的呈現，以及評分等第或是建議事項的參考。在缺乏補償措施或補償棲地面積的量化估算，經常會留下達到及格分數就已經足夠的困惑。

因此，可以比照棲地評價系統或棲地評價程序的架構，提出開發方案與零方案的棲地補償，或是開發方案與最佳棲地方案的棲地補償，以解決單純爲棲地打分數的困惑；補強目前臺灣所使用的各種棲地評價系統，量化棲地補償措施。

二、涵容能力與生物多樣性

生態系統的生物鏈由初級生產者、消費者和分解者所組成。當棲地沒有被天然災害或人爲破壞的情況下，理想生物鏈下的生物族群可以自行達到平衡，棲地內的生物數量不會大於棲地的涵容能力（Carrying capacity）。當棲地生物鏈的某些單元受到損傷或破壞時，例如天敵或覓食餌料的減少，或是棲地被人爲建設分割或碎裂，或是生物鏈的初級生產量減少等，棲地的涵容能力降低，棲地內的生物族群就會有往棲地外圍遷徙或外出覓食的行爲出現。

涵容能力係指在提供基本條件與品質的長期性環境維持能力下，某一生態系統所能養育的動、植物總數量。涵容能力依據棲地內土壤及其產物、氣候及生態系統中可用物質的不同形式變化而改變。

生物多樣性（Biological diversity）係指生物及其所存在生物群落的多樣性和可變性。生物多樣性可以發生在許多不同的生態階層。生態系統多樣性（Ecosystem diversity）係指不同地景條件下的生物棲地；物種多樣性

（Species diversity）則是指某一生態系統中不同的生物種類；基因多樣性（Genetic diversity）則是指某一種動物或植物體內的基因所含有的 DNA 的獨特程度。基因庫的歧異度愈大，則該種生物對環境變化的適應能力愈佳。因此，除了棲地面積的考量外，棲地的涵容能力與生物多樣性也是需要同時重視的參數。

第六章　生物環境影響評估

6-1　環境影響評估

環境影響評估的目的爲預防及減輕開發行爲對環境造成不良影響，藉以達成環境保護的目的。由於環境影響評估乃是針對開發行爲施工和營運期間對周遭環境的影響評估和相關減輕對策的擬定，因此，「環境影響評估法施行細則」（2018）定義開發行爲對環境有不良影響與重大影響的情形分別有下列數點：

（一）不良影響

1. 引起水污染、空氣污染、土壤污染、噪音、振動、惡臭、廢棄物、毒性物質污染、地盤下陷或輻射污染公害現象者。
2. 危害自然資源的合理利用者。
3. 破壞自然景觀或生態環境者。
4. 破壞社會、文化或經濟環境者。
5. 其他經中央主管機關公告者。

（二）重大影響

1. 與周圍的相關計畫，有顯著不利的衝突且不相容者。
2. 對環境資源或環境特性，有顯著不利的影響者。
3. 對保育類或珍貴稀有動植物的棲息生存，有顯著不利的影響者。
4. 有使當地環境顯著逾越環境品質標準或超過當地環境涵容能力者。
5. 對當地眾多居民的遷移、權益或少數民族的傳統生活方式，有顯著不利的影響者。
6. 對國民健康或安全，有顯著不利的影響者。
7. 對其他國家的環境，有顯著不利的影響者。

8. 其他經主管機關認定者。

環境影響評估法（2003）明確指出破壞生態環境，以及對保育類或珍貴稀有動植物的棲息生存，有顯著不利的影響者，都需要進行環境影響評估作業。

因爲開發行爲有類別、區位和規模的不同，對環境的不良影響也有程度上的不同，所以，「開發行爲應實施環境影響評估細目及範圍認定標準」規範不同區位、規模、產能的各類開發行爲應該實施環境影響評估作業的門檻。雖然如此，並不表示不用進入環境影響評估作業程序的開發行爲就不需要納入環境影響評估作業保護環境的思維。尤其是生態環境的不良影響，有些是立即的；有些則是日積月累的，如果沒有長期的調查和監測，等到發現有嚴重影響時就會有來不及補救的遺憾。這也是政府大力推動生態檢核政策的主要目的之一。

6-2 生物環境影響評估

Canter（1996）的 Environmental impact assessment 認爲生物環境影響評估程序及其步驟如下：

一、生物環境影響評估程序

生物環境影響評估的程序和空氣、地表水與地下水、廢棄物、土壤、噪音、振動、交通、文化、社會經濟等環境因子的評估程序一樣，都是依序從環境影響界定、環境現況描述、蒐集相關法規、接著從事影響預測、評估影響顯著性，再研擬減輕對策與實施監測追蹤。生物環境影響評估程序如下：

1. 生物環境影響界定。
2. 生物環境現況描述。
3. 取得生物環境相關法規。

4. 影響預測。
5. 評估影響顯著性。
6. 研擬減輕對策。
7. 監測追蹤。

二、生物環境影響評估步驟

生物環境影響評估作業有 6 個步驟，即：

1. 確認開發計畫的施工或執行對生物的預期影響，包括棲息地的改變或消失、化學物質循環和有毒物質和生態演替過程的破壞。
2. 環境現況的描述包括棲息地種類、植物和動物種類、環境管理方式、瀕臨滅絕或瀕臨危機的物種和特殊景觀。
3. 取得有關生物資源和保護棲息地或物種的相關法令、準則與標準。
4. 進行影響預測，包括類推法、物種模式、數學模式和專業性的判斷。
5. 利用由步驟 3 所獲得的相關資料，加上專業性判斷與公眾參與，來評估預期效益和決定影響的顯著性。
6. 確認、發展和執行減輕不利影響的替代方案。

6-3　生物環境影響評估內容

一、生物環境影響界定

以定性方式確認開發計畫對生物資源的潛在影響，包括對物種及其棲息地的潛在影響。開發計畫可能造成生態價值的惡化與喪失，影響對象包括動、植物物種、生態系統結構（如生物量的豐富度、生物社會組成、物種歧異度、營養階層結構和空間結構），以及生態功能（如能量流、營養物質循環、水體停留時間）。

二、生物環境現況描述

生物環境現況描述需特別注意生物社會類別或棲息地類別與其地理上的分布位置；並且必須對關注物種加以鑑定並包含每一種類型的生物社會或棲息地中的該關注物種的特徵描述。

本步驟可經由下列 4 種不同的選擇來達成：

1. 使用物種名錄並作定性的描述。
2. 使用組成參數表示法並作定性與定量的描述。
3. 使用如棲息地評價系統（HES）、棲息地評價程序（HEP）或其他的棲息地分析法。
4. 使用能量系統圖，或其他分析方法。

（一）程序明細表

早期以研究區域內的動、植物名錄及一些簡要的定性資料（包括該區域的一般生態系統特徵）來描述生物環境現況。物種名錄典型的包括研究區域內動、植物相的學名和俗名。近期則趨向於捨棄採用只含物種名錄的報告書，而改採用程序明細表。

程序明細表包含更多生態系統中個別生物組成的相關資料。如：

1. 決定計畫或開發區內是否有瀕臨滅絕、瀕臨危機、稀有，或被保護的物種出現。
2. 整合有關任何一種列名、被建議列名、候選列名為保護物種的相關資料。這些相關資料包括物種有關育雛和築巢的需要、生活史和其他在考量替代方案的影響時會顯得很重要的特殊需要。其他的相關資料則是考慮物種的活動範圍，並考慮在施工期及 / 或營運時期，該物種是否會出現在計畫研究區內。
3. 了解該物種被列入瀕臨滅絕物種名錄或被提議或考慮視為候選列名物種的原因。
4. 建立列名和候選列名物種關鍵棲息地在計畫區內的位置和環境狀況的

相關資料。

5. 決定計畫或開發行爲是否會對每一種列名、建議列名或候選列名保護的物種，或對研究區內的每一個關鍵棲息地產生影響。假如預測會有負面影響，則應確定和評估適當的減輕對策。

三、蒐集生物環境相關法規

生物環境相關法規有：

1. 野生動物保育法（民國 102 年 01 月 23 日修正公布）。
2. 野生動物保育法施行細則（民國 107 年 07 月 13 日修正公布）。
3. 國家公園法（民國 99 年 12 月 8 日修正公布）。
4. 國家公園法施行細則（民國 72 年 6 月 2 日修正公布）。
5. 文化資產保存法（民國 105 年 7 月 27 日修正公布）。
6. 文化資產保存法施行細則（民國 111 年 1 月 28 日修正公布）。
7. 森林法（民國 110 年 5 月 5 日修正公布）。
8. 森林法施行細則（民國 95 年 3 月 1 日修正公布）。
9. 自然保護區設置管理辦法（民國 104 年 11 月 23 日修正發布）。

臺灣自然生態保護區種類及其面積統計如表 6-1 所示：

表 6-1　臺灣自然生態保護區種類及其面積統計表

類別	處數	面積（公頃）		
		陸域	水域	總計
國家公園	9	310,567.96	438,573.71	749,141.67
國家自然公園	1	1,131.19	0	1,131.19
自然保留區	22	65,354.97	117.18	65,575.00
野生動物保護區	21	27,145.57	295.88	27,396.00
野生動物重要棲息環境	39	325,987.02	76,595.88	402,759.00
自然保護區	6	21,171.43		21,170.00

類別	處數	面積（公頃）		
		陸域	水域	總計
地質公園	9	18,323.00		18,323.00
國家重要溼地	42			41,894.00
一級海岸保護區	301			
二級海岸保護區	469			

四、影響預測

原則上，開發行爲對環境的影響必須盡可能地予以量化，而對無法量化的影響才予以定性的描述。

從事對生物環境的影響預測作業時，所關注的焦點爲土地利用方式或棲息地的改變，以及其他與生物系統有關的影響因子可能帶來的衝擊。影響預測的方法包括影響的定性描述、利用棲息地分析法或生態系統模式所建立的方法和利用物理模式或模擬所建立的方法。

其中，於影響預測過程中，對於生物多樣性的關注較爲不足的有下列4點：

1. 對於未列名保護物種的關注較爲不足。
2. 對於未列爲保護區的關注較爲不足。
3. 對於非經濟性物種的關注較爲不足。
4. 對於累積性影響的關注較爲不足。

五、評估影響顯著性

（一）影響評估原則

1. 個別物種在食物鏈中的關係與扮演的角色，是基於確認生物環境是一個完整的系統。

2. 分析生物區位的涵容能力與計畫區內的個別物種有密切的關係。
3. 評估動植物的忍受能力可以解釋開發行為造成環境的改變。
4. 評估區域內陸、水域棲息地因開發計畫執行造成物種多樣性的變化、物種多樣性的降低、環境忍受變化能力的減低及生物環境的脆弱性增加。
5. 考慮自然演替與開發計畫執行可能對演替程序的干擾。
6. 在自然環境中某些物種有濃縮、稀釋或分解某種化學物質的能力。
7. 評估開發計畫執行對關注或指標物種的影響。
8. 預測在開發區域內瀕臨滅絕物種、瀕臨危機物種及關鍵棲息地可能造成的改變與影響。

六、研擬減輕對策

依據生物社會區域內關注物種、指標物種和部分未列名保護物種的棲息、覓食、繁衍和避難等生活史，確認於核定、規劃、設計、施工和維護管理等工程生命週期各個過程中的各項減輕不利影響的替代方案。其中，開發行為環境影響評估作業準則（2021）第26條和第27條有相關的規範。

（一）開發行為基地的規劃原則

1. 應避免使用地質敏感或坡度過陡的土地。
2. 開發行為基地林相良好者，應予儘量保存，並有相當比率的森林綠覆面積。
3. 開發行為基地動植物生態豐富者，應予保護。
4. 應考量生態工程，並維持視覺景觀的和諧。
5. 開發行為基地與下游影響區之間，應有適當的緩衝帶，或具緩衝效果的遮蔽或阻隔等替代性措施

（二）開發行為基地位於海岸地區的規劃原則

1. 避免影響重要生態棲地或生態系統的正常機能。

2. 避免嚴重破壞水產資源。
3. 避免海岸侵蝕、淤積、地層下陷、陸域排洪影響等。
4. 避免破壞海洋景觀、遊憩資源及水下文化資產。
5. 維持親水空間。

（三）開發行為面對生態棲地的減輕對策

一般而言，開發行爲面對生態棲地的減輕對策有：

1. 迴避（avoidance）。
2. 縮小（minimization）。
3. 補償（compensation）。
4. 復育（restoration）。

七、監測追蹤

生態保育措施依迴避、縮小、減輕與補償等四項生態保育策略的優先順序考量與實施，四項保育策略定義如下：

1. 迴避：迴避負面影響的產生，大尺度的應用包括停止開發計畫、選用替代方案等；較小尺度的應用則包含工程量體與臨時設施物，如施工便道等的設置應避開有生態保全對象或生態敏感性較高的區域；施工過程避開動物大量遷徙或繁殖的時間等。
2. 縮小：修改設計縮小工程量體，如縮減車道數、減少路寬等、施工期間限制臨時設施物對工程周圍環境的影響。
3. 減輕：經過評估工程影響生態環境程度，進行減輕工程對環境與生態系功能衝擊的措施，如：保護施工範圍內的既有植被與水域環境、設置臨時動物通道、研擬可執行的環境回復計畫等，或採用對環境生態傷害較小的工法，如設置大型或小型動物通道的建置、資材自然化等。
4. 補償：爲補償工程造成的重要生態損失，以人爲方式於他處重建相似或等同的生態環境，如於施工後以人工營造手段，加速植生與自然棲地復育。

6-4　生態系統服務

聯合國於 2005 年的「千禧年生態系統評估」與 2007 年八大工業國暨新興工業五國高峰會的「生態系統暨生物多樣性經濟學倡議」（The Economics of Ecosystems and Biodiversity, TEEB），楬櫫生態系統服務包含四大類別，分別爲「供給服務」、「支持服務」、「調節服務」及「文化服務」，以及「食物」、「調節微氣候與改善空氣品質」、「碳儲存」、「防止水土流失和維護土壤肥力」、「生物防治」、「維護基因多樣性」、「休閒娛樂」等 17 個項目。

一、千禧年生態系統評估報告（MEA, 2005）

千禧年生態系統評估報告（Millennium Ecosystem Assessment, MEA）中定義：生態系統服務是人類生存與發展係來自生態系統內所獲得的效益（benefit），自然生態系統不僅可以爲我們的生存直接提供各種原料或產品（食品、水、氧氣、木材、纖維等），而且在大尺度上具有調節氣候、淨化污染、涵養水源、保持水土、防風定沙、減輕災害、保護生物多樣性等功能，進而爲人類的生存與發展提供良好的生態環境。生態系統服務可以分爲供給服務、調節服務、支持服務以及文化服務等四大類型。其中，供給服務是指從生態系統獲得各種產品，調節服務是指從生態系統過程的調節作用獲得效益，支持服務是生產其他生態系統服務的基礎且並不直接對人類產生影響，文化服務是指通過精神滿足、體驗、消遣、發展認知、思考等從生態系統獲得的非物質效益。

四大服務類型可以再細分服務項目，自 1997 年 Costanza et al. 細分 17 個服務項目後，有 MEA（2005）23 個項目，TEEB（2010）21 個項目，與 CICES（2017）的 18 個項目。

二、生態系暨生物多樣性經濟倡議（TEEB, 2010）

2007 年八大工業國暨新興工業五國在德國召開環境部長高峰會，會議中決議將進行生物多樣性流失的全球經濟學研究，2010 年德國與歐盟發表生態系暨生物多樣性經濟倡議（The Economics of Ecosystems and Biodiversity, TEEB）由 Kumar 所完成「經濟與生態基礎（Economic and Ecological Foundation, 2010）」出版，主要提供基礎概念連結經濟與生態系，強調生物多樣性與生態系統服務間的相關性，並顯示出與人們福祉的重要性，改善生物多樣性減少所造成的經濟成本及生態系統功能降低。

三、歐盟生態系統通用分類（CICES, 2017）

歐盟生態系統通用分類（The Common International Classification of Ecosystem Services, CICES）是從歐洲環境署（EEA）的環境會計（environmental accounting）發展而來，CICES 目標不是取代其他生態系統服務分類，而是讓人們更容易應用，更清楚地了解如何衡量和分析。

四、Costanza et al.（1997）

Costanza 等人於 1997 年修正供給、調節、支持和文化等 4 項服務的項目：

1. 供給：食物生產、原物料、水供應、基因資源。
2. 調節：氣體調節、氣候調節、干擾調節、水調節、廢棄物處理、沖蝕防治和泥沙淤積、土壤形成、授粉、生物防治。
3. 支持：避難所、養分循環。
4. 文化：娛樂、文化（包含美學、藝術、精神、教育和科學）。

五、CICES（2017）

CICES 於 2017 年修正供給、調節、支持和文化等 4 項服務的項目：

1. 供給：生質 - 養分、生質 - 纖維、能源和其他物質、淡水、生質 - 機械能。
2. 調節：氣流和空氣流動調節、大氣組成和氣候調節、空氣與液體流動調節、液體流動調節、廢棄物、毒物和贅物調節、質流調節、維護土壤形成和組成、全生命週期維護（包括授粉）、蟲害和疾病防治維護。
3. 支持：全生命週期維護、棲地和基因庫保護。
4. 文化：身體和經驗互動、精神和／或象徵性互動、知識和代表性互動。

六、Costanza et al（1997）與CICES（2017）的差異

表 6-2　Costanza et al（1997）與 CICES（2017）的差異

服務	Costanza et al（1997）	CICES（2017）
供給	食物生產 原物料 水供應 基因資源	生質 - 養分 生質 - 纖維 能源和其他物質 淡水 生質 - 機械能
支持	避難所 養分循環	全生命週期維護 棲地和基因庫保護
調節	氣體調節 氣候調節 干擾調節 水調節 廢棄物處理 沖蝕防治和泥沙淤積 土壤形成 授粉 生物防治	氣流和空氣流動調節 大氣組成和氣候調節 空氣與液體流動調節 液體流動調節 廢棄物 毒物和贅物調節 質流調節 維護土壤形成和組成 全生命週期維護（包括授粉） 蟲害和疾病防治維護
文化	娛樂 文化（包含美學、藝術、精神、教育和科學）	身體和經驗互動 精神和／或象徵性互動 知識和代表性互動

表 6-3　生態系統服務分類比較

服務類型	Costanza et al（1997）	MEA（2005）	TEEB（2010）	CICES（2017）
供給服務 Provisioning	食物生產 Food production	食物 Food	食物（A1*） Food	生質 - 養分 Biomass-Nutrition
	原材料 Raw materials	燃料 Fuel	原料（A2*） Raw materials	生質 - 纖維 Biomass-Fibre
		纖維 Fiber		能源和其他物質 energy & other materials
	水供應 Water supply	淡水 Fresh water	淡水（A3*） Fresh water	淡水 Fresh water
	-	觀賞資源 Ornamental resources	觀賞資源 Ornamental resources	-
	基因資源 Genetic resources	基因資源 Genetic resources	基因資源 Genetic resources	-
	-	生物化學物質、天然藥物 Biochemicals & natural medicines	藥物資源（A4*） Medicinal resources	-
	-	-	-	生質 - 機械能 Biomass-Mechanical energy

服務類型	Costanza et al（1997）	MEA（2005）	TEEB（2010）	CICES（2017）
調節服務 Regulation	氣體調節 Gas regulation	空氣品質調節 Air quality regulation	空氣淨化 Air purification	氣流和空氣流動調節 Mediation of gas- & air-flows
	氣候調節 Climate regulation	氣候調節 Climate regulation	氣候調節 Climate regulation	大氣組成和氣候調節 Atmospheric composition & climate regulation
	干擾調節 Disturbance regulation	天然災害調節 Natural hazard regulation	干擾預防或緩和 Disturbance prevention or moderation	空氣與液體流動調節 Mediation of air & liquid flows
	水調節 Water regulation	水調節 Water regulation	水流調節 Regulation of water flows	液體流動調節 Mediation of liquid flows
	廢棄物處理 Waste treatment	水質淨化和廢棄物處理 Water purification and waste treatment	廢棄物處理（特別是水質淨化） Waste treatment（esp. water purification）	廢棄物、毒物和贅物調節 Mediation of waste, toxics, and other nuisances
	沖蝕防治和泥沙淤積 Erosion control and sediment retention	沖蝕調節 Erosion regulation	沖蝕預防 Erosion prevention	質流調節 Mediation of mass-flows

服務類型	Costanza et al（1997）	MEA（2005）	TEEB（2010）	CICES（2017）
	土壤形成 Soil formation	土壤形成 Soil formation	維護土壤肥力 Maintaining soil fertility	維護土壤形成和組成 Maintenance of soil formation and composition
	授粉 Pollination	授粉 Pollination	授粉（B6*） Pollination	全生命週期維護（包括授粉） Life cycle maintenance（incl. pollination）
	生物防治 Biological control	蟲害和人類疾病防治 Regulation of pests & human diseases	生物防治（B7*） Biological control	蟲害和疾病防治維護 Maintenance of pest- and disease control
支持服務 Supporting	避難所 Refugia	生物多樣性 Biodiversity	全生命週期維護（尤其是苗圃）和基因庫保護 Lifecycle maintenance（esp. nursery）, Gene pool protection	全生命週期維護、棲地和基因庫保護 Life cycle maintenance, habitat, and gene pool protection
	養分循環 Nutrient cycling	養分循環和光合作用、初級生產 Nutrient cycling & photosynthesis, primary production	-	
文化服務 Cultural	娛樂 Recreation	娛樂和生態旅遊 Recreation & eco-tourism	娛樂和生態旅遊 Recreation & eco-tourism	身體和經驗互動 Physical and experiential interactions

服務類型	Costanza et al（1997）	MEA（2005）	TEEB（2010）	CICES（2017）
	文化（包含美學、藝術、精神、教育和科學）Cultural（incl. aesthetic, artistic, spiritual, education, & science）	美學價值 Aesthetic values	美學知識 Aesthetic information	-
	-	文化多樣性 Cultural diversity	文化、藝術和設計靈感 inspiration for culture, art and design	-
	-	精神和宗教價值 Spiritual and religious values	精神體驗 Spiritual experience	精神和／或象徵性互動 Spiritual and/or emblematic interactions
		知識系統和教育價值 Knowledge systems, Educational values	認知發展資訊 Information for cognitive development	知識和代表性互動 Intellectual and representative interactions

資料來源：區排生態檢核作業計畫，2019，經濟部水利試驗規劃所。

1. Costanza, R. & Arge, R. & de Groot, R. & Farber, S. & Grasso, M. & Hannon, B.(1997), The value of the world's ecosystem services and natural capital. Nature, 387: 253-260.
2. Millennium Ecosystem Assessment(2005) Ecosystems and Human Well Being: Synthesis. Island Press, Washington DC.
3. The Economics of Ecosystems and Biodiversity(TEEB)(Costanza et al., 2017)
4. The Common International Classification of Ecosystem Services(CICES)
5. Yang, Q.(2018), Development of a new framework for non-monetary accounting on ecosystem services valuation, Ecosystem Services, Ecosystem Services, 34:37-54.

臺灣多數都會區或農漁村聚落經常沿著野溪和河流鄰近發展，生態環境與人類活動空間的重疊性高、交互關係頻繁，河溪生態環境品質優劣對民眾生活影響格外明顯。表 6-4 爲生態檢核與生態系統服務關聯表。

表 6-4 生態檢核與生態系統服務關聯表

檢核項目	檢核內容	生態系統服務																			
		供給				調節										支持				文化	
		食物生產	原物料	基因資源	水	授粉	氣體	氣候	干擾	水	水質淨化	沖蝕防治和泥沙淤積	土壤形成	汙染濃度處理	生物防治	避難所	棲地	物種多樣性	養分循環	休閒娛樂	歷史傳承
水的特性	水域型態多樣性（A）	V					V	V			V					V	V	V	V	V	
	水域廊道連續性（B）	V			V		V	V		V	V			V				V	V	V	
	水質（C）	V			V						V						V	V		V	
	流量特性（D）	V			V		V	V		V	V		V	V		V	V	V	V	V	
土壤特性	底質多樣性（E）												V			V	V	V	V		
	河岸型式（F）								V	V		V	V			V	V	V	V	V	V
生態特性	水生動物豐多度（G）	V		V		V									V			V	V	V	
	陸域生態的指標生物（H）			V		V									V			V	V	V	
植被特性	溪濱護坡植被（I）	V	V	V		V	V	V	V	V	V	V	V	V	V	V	V	V	V	V	
	溪濱廊道連續性（J）			V		V	V	V	V		V	V	V	V		V	V	V	V	V	

檢核項目	檢核內容	生態系統服務																			
		供給				調節										支持				文化	
		食物生產	原物料	基因資源	水	授粉	氣體	氣候	干擾	水	水質淨化	沖蝕防治和泥沙淤積	土壤形成	汙染濃度處理	生物防治	避難所	棲地	物種多樣性	養分循環	休閒娛樂	歷史傳承
人文特性	休閒遊憩（K）																			V	V
	精神價值（L）																			V	V
	利用程度（M）				V				V	V				V							
總數																					
整體評估與建議																					

資料來源：千禧年生態系統評估（MEA, 2005）、歐盟與德國所發表的生態系暨生物多樣性經濟倡議（TEEB, 2010）及歐盟生態系統通用分類（CICES, 2017）

6-5　永續發展目標

聯合國於 2014 年 9 月 17 日發布訊息表示，第 68 屆大會於同年 9 月 10 日採納「永續發展目標」（Sustainable Development Goals, SDGs）決議，作爲後續制定「聯合國後 2015 年發展議程」之用。永續發展目標包含 17 項目標（Goals）及 169 項細項目標（Targets）。

17 項永續發展目標如下：

1. 消除各地一切形式的貧窮。
2. 消除飢餓，達成糧食安全，改善營養及促進永續農業。
3. 確保健康及促進各年齡層的福祉。
4. 確保有教無類、公平以及高品質的教育，及提倡終身學習。
5. 實現性別平等，並賦予婦女權力。

6. 確保所有人都能享有水及衛生及其永續管理。
7. 確保所有的人都可取得負擔得起、可靠的、永續的，及現代的能源。
8. 促進包容且永續的經濟成長，達到全面且有生產力的就業，讓每一個人都有一份好工作。
9. 建立具有韌性的基礎建設，促進包容且永續的工業，並加速創新。
10. 減少國內及國家間不平等。
11. 促使城市與人類居住具包容、安全、韌性及永續性。
12. 確保永續消費及生產模式。
13. 採取緊急措施以因應氣候變遷及其影響。
14. 保育及永續利用海洋與海洋資源，以確保永續發展。
15. 保護、維護及促進領地生態系統的永續使用，永續的管理森林，對抗沙漠化，終止及逆轉土地劣化，並遏止生物多樣性的喪失。
16. 促進和平且包容的社會，以落實永續發展；提供司法管道給所有人；在所有階層建立有效的、負責的且包容的制度。
17. 強化永續發展執行方法及活化永續發展全球夥伴關係。

其中，在目標 2 的 2.4 有「在西元 2030 年前，確保可永續發展的糧食生產系統，並實施可災後復原的農村作法，提高產能及生產力，協助維護生態系統，強化適應氣候變遷、極端氣候、乾旱、洪水與其他災害的能力，並漸進改善土地與土壤的品質。」目標 15 的 15.3 有「在西元 2020 年以前，對抗沙漠化，恢復惡化的土地與土壤，包括受到沙漠化、乾旱及洪水影響的地區，致力實現沒有土地破壞的世界。」15.4 有「在西元 2030 年以前，落實山脈生態系統的保護，包括 他們的生物多樣性，以改善他們提供有關永續發展的有益能力。」15.8 有「在西元 2020 年以前，採取措施以避免侵入型外來物種入侵陸地與水生態系統，且應大幅減少他們的影響，並控制或消除優先物種。」15.9 有「在西元 2020 年以前，將生態系統與生物多樣性價值納入國家與地方規劃、發展流程與脫貧策略中。」

落實生態檢核工作可以達成永續發展目標 15 的意涵。

第七章　物種及棲地

7-1　物種

物種是生物多樣性的基本單元，係指某類相似形態和遺傳組成，而且具有生殖能力的個體在自然狀態下能產生正常後代的生物群體。物種類繁多，無法一一列舉，本書聚焦在與河溪整治工程有關的淡水魚類，以及水域附近活動的甲殼類、兩棲類、爬蟲類和鳥類。

7-2　淡水魚

依據 2017 年臺灣淡水魚類紅皮書名錄，納入評估候選種類共 262 種，其中 167 種不適用區域評估篩選門檻，95 種進入評估流程。

調查結果顯示臺灣有 4 種淡水魚類已經滅絕，其中，銳頭銀魚屬於滅絕物種；香魚、楊氏鋤突鰕虎、中華刺鰍等 3 種屬於地區性滅絕物種。25 種或亞種國家受脅淡水魚類中，屬於國家極危類有日本鰻鱺、溪流細鯽、巴氏銀鮈、蘭嶼吻鰕虎等 4 種物種；屬於國家瀕危類有菊池氏細鯽、陳氏鰍鮀、臺灣梅氏鯿、臺灣副細鯽、半紋小鲃、斯奈德小鲃、臺東間爬岩鰍、臺灣鮰、細斑吻鰕虎、恆春吻鰕虎魚、南台吻鰕虎、臺灣櫻花鉤吻鮭等 12 種物種；屬於國家易危類有纓口臺鰍、臺灣間爬岩鰍、長脂擬鱨、圓吻鯝、大鱗梅氏鯿、大眼華鯿、高屏馬口鱲、青鱂、七星鱧等 9 種物種。另外，有 11 種歸於國家接近受脅類。國家受脅及接近受脅淡水魚類種數分別占評估淡水魚種數的 26.3% 及 11.6%，以及總淡水及河口魚種數的 9.5% 及 4.1%。

一、鹽度耐受能力

依據淡水魚對鹽度耐受能力不同，有下列 4 種分類：

1. 初級性淡水魚、純淡水魚：一生皆在淡水水域棲息，如鯰魚、羅漢魚、鯉魚等。其中，鯉科（臺灣石魚賓、高身鯝魚）和平鰭鰍科魚類（臺灣間爬岩鰍、埔里中華爬岩鰍）會隨季節、溫度或流量改變而洄游，其遷徙範圍和規模較小。
2. 次級性淡水魚：大部分時間生活在淡水，偶爾進入鹹淡水或海水中活動，如吳郭魚、大肚魚等。
3. 周緣性淡水魚：棲息在海水或鹹淡水，偶爾會進入淡水或鹹淡水水域生活（溯河性、降海性），如蛇鰻、牛尾魚等。
4. 淡水域洄游魚類：覓食、繁衍、季節性遷徙所進行的洄游歷程，都在淡水域完成。如鱒魚、湖鱘、鱴鮰。

二、溪流區位

純淡水魚受到鹽度的限制，無法任意洄游，而且不同地區的魚種差異極大，臺灣除花蓮溪和秀姑巒溪爲南北走向外，其餘河溪都是東西走向，加上臺灣島東西寬度僅 144 公里，且有海平面到玉山（3,952 公尺海拔高）的中央山脈阻隔，河流長度短促，河床坡度陡峻，自海拔 2,000 公尺以下才有魚類活動。依據溪流的上、中、下游的棲地特性和魚類的活動形態，可以分別敘述如下：

1. 上游：海拔 1,500 公尺以上的溪流源頭，水溫約 15℃，水流湍急，溶氧量高，許多大小不一的大塊石在河床上形成深流、淺瀨、深潭等棲地。有鯝魚、臺灣馬口魚、鰕虎、鱒類等活動。
2. 中游：海拔 200～1,500 公尺的溪流河段，流量大，河床有塊石、礫石和細砂形成深流、淺流、淺瀨和深潭等多種棲地。除了上游下來避寒的中華爬岩鰍、平鰭鰍類，在 800 公尺以下有石鯉（石斑）、粗首鱲、平頜鱲、高身鯝魚、褐吻鰕虎、香魚、短吻鐮柄魚、臺灣石𩼧、臺灣間爬岩鰍、石鯉、香魚等活動。

3. 下游：流速平緩，水面寬廣、水深較高。除部份中游魚種外，還有鯉類、鯽類、高身小鰾鮈、革條副鱊、節條、泥鰍，以及耐污性高的外來種，如大肚魚和慈鯛科的吳郭魚、鯰魚、琵琶鼠魚等活動。

三、河海洄游

洄游是少數魚類在其生命週期中相對於原有棲地所定期大規模遷徙的現象。河海洄游的魚類可以分爲溯河洄游魚類、降河洄游魚類和河海洄游魚類等 3 類。

1. 溯河洄游魚類：大部分期間生活在海域，成魚則上溯到淡水域產卵繁殖的魚類，如鮭魚、銀花鱸魚、日本禿頭鯊、蘭嶼吻鰕虎、臺灣吻鰕虎、日本瓢鰭鰕虎、海七鰓鰻、胡瓜魚科、美洲西鯡。
2. 降河洄游魚類：大部分期間生活在淡水域，成魚則順水流到海域產卵繁殖的魚類，如白鰻、鱸鰻。
3. 河海洄游魚類：在河海間洄游並非以產卵繁殖爲目的的魚類，如溪鱧、香魚、曳絲鑽嘴魚、眼棘雙邊魚、小雙邊魚、細尾雙邊魚、蓋刺塘鱧、黑塘鱧、烏魚。

四、環境適應

綜整相關資料，淡水魚適應的環境條件如表 7-1 所示：

表 7-1　淡水魚適應的環境條件

適宜溫度	20～32℃
繁殖最適溫度	22～28℃
pH 值	4.6～10.2
最適溶氧量	5 毫克／升

正常溶氧量	>2 毫克／升
零死亡泥砂濃度（烏魚）	11.1 克／升
24、72 與 120 小時的半致死泥砂濃度（烏魚）	分別約爲 129、56 與 49 克／升
120 小時最高死亡率 83% 的泥砂濃度（烏魚）	79.3 克／升

7-3 棲地形態

美國陸軍工兵團（1980）的棲地評價系統（Habitat Estimation System, HES）將生態系統分爲溪流、湖泊、樹林沼澤、高地森林、低地硬木森林、開闊地和水域棲地的陸域野生動物價值等 7 種棲地形態。美國魚類暨野生動物署（1980）的棲地評價程序（Habitat Estimation Procedure, HEP）則是選定 4～6 個關鍵物種的餵養、繁殖、偏好棲地，以及該物種對溫度、棲地改變的忍受度作爲棲地評價的對象。HES 係以美國的生態環境條件區分棲地形態；HEP 則是隨不同關鍵物種而有不同的棲地形態。

一、臺灣水域棲地形態

因應臺灣的地形條件，水域棲地可以分水文因子、河相因子、棲地基質、河床底質、湍瀨數量、濱溪植被和人爲干擾等 7 項，分別說明如下：

（一）水文因子

了解流速與水深，流速與水深的組合可以再細分下列 5 種棲地形態：

1. 淺瀨（Riffle）：流速大於 30 公分／秒；水深小於 30 公分，爲淺水急流的棲地。流速快，溶氧量高，底棲生物的棲地，食物鏈的生產量高，是魚類餌料來源。嗜急流型魚類喜好在淺瀨下游處活動與覓食。
2. 淺流（Glide）：流速小於 30 公分／秒；水深小於 30 公分，爲淺水緩流的棲地。爲淺瀨、深潭間的轉換段，部分魚類在此處產卵。

3. 深流（Run）：流速大於 30 公分 / 秒；水深大於 30 公分，爲深水急流的棲地。爲淺瀨、深潭間的轉換段，部分魚類在此處產卵。
4. 深潭（Pool）：流速小於 30 公分 / 秒；水深大於 30 公分，爲深水緩流的棲地。深潭爲魚類休息和成魚隱匿的場所，也是洪水及枯水時期的避難及越冬場所。深潭周遭淺水處及迴流處爲幼魚的活動區。
5. 岸邊緩流（Slack）：流速小於 30 公分 / 秒；水深小於 10 公分，爲淺水靜流的棲地。

棲地形態的水文參數如表 7-2 所示。

表 7-2　棲地形態的水文參數表

棲地形態	流速（cm/s）	水深（cm）	說明
淺瀨	>30	<30	淺水急流，激起水花
淺流	<30	<30	淺水緩流，無水花
深流	>30	>30	深水急流
深潭	<30	>30	深水緩流
岸邊緩流	<30	<10	淺水靜流

溪流擁有以上五種流速水深組合，表示水域棲地環境的多樣性高，視爲最理想的狀況，可以提供不同生物利用的生棲環境，例如魚苗、仔魚與蝌蚪能利用淺水靜流的水域覓食，並且躲避掠食者；深水緩流與深水急流則是大型溪流魚類生存的空間；淺水急流的高溶氧量能夠被部分水生昆蟲利用，也是底棲魚類如爬岩鰍的棲地。

（二）河相因子

了解河床沖刷與淤積影響生態棲地程度，如河槽縮減、改道等河槽平面變化，水位升降的影響，以及深潭、砂洲、淺灘的數量、分布和大小等。

（三）棲地基質

評估有無不受河川溪流水位或流量改變，長年穩定的深潭和大石，以了解底棲生物可以生存利用的空間。

（四）河床底質

評估細砂土包埋礫石、卵石程度，以了解底棲生物的棲息、覓食和避難的空間。

（五）湍瀨數量

湍瀨流速快，可以帶入空氣中的氧氣，增加水體的溶氧量。湍瀨出現的次數多且規模大，則溪流的溶氧量高，可以提供水域生態較高的涵容能力。

（六）濱溪植被

濱溪植被綠帶與低位沼澤地相似，地表並非全年積水。其功能包含：

1. 穩定溪岸，防止土壤沖蝕及溪岸坍塌。
2. 改善微氣候，降低溪流溫度。
3. 過濾非點源污染物質，保護水質及溪流生態。
4. 植被帶的枯枝落葉是溪流營養鹽的來源。
5. 溪流鳥類、蛙類和蜻蜓等的覓食、繁衍場所。

濱溪植被綠帶經常是水棲昆蟲的棲息、繁衍場所。濱溪植被綠帶的食物鏈爲水棲昆蟲幼蟲羽化，成蟲爲鳥類、魚類、兩棲類、昆蟲的捕食對象，同時，掉入河溪水體的鳥類、動物排遺成爲水棲昆蟲的餌料。評估濱溪植被綠帶的長度、寬度與覆蓋程度，可以了解水陸域橫向廊道是否暢通無阻、河岸林降低水溫，以及溪流鳥類、蛙類、昆蟲和水棲昆蟲的覓食、繁衍棲地。

（七）人為干擾

評估人爲干擾或河工構造物對分割棲地或廊道阻隔的影響。

棲地形態的指標因子可以列如表 7-3 所示。

表 7-3　棲地形態的指標因子

指標項目	評估目的	評估內容
水文因子	了解流速與水深	淺瀨、淺流、深潭、深流、岸邊緩流
河相因子	了解河床沖刷與淤積影響生態棲地程度	河槽縮減、改道，水位升降，深潭、砂洲、淺灘
棲地基質	了解有無底棲生物利用空間	穩定的深潭、大石
河床底質	了解底棲生物能利用程度	細砂土包埋礫石、卵石程度
湍瀨數量	了解溶氧情況	湍瀨數量、分布
濱溪植被	了解河岸周遭植被綠帶範圍和覆蓋情況	濱溪植被綠帶的長度、寬度，覆蓋程度
人爲干擾	了解人爲干擾或河工構造物對分割棲地或廊道阻隔的影響	河工構造物的干擾、縱、橫向廊道阻隔

二、臺灣坡地棲地形態

林務局國有林治理工程生態友善機制手冊的坡地棲地評估指標如下：

1. 木本植物覆蓋度：一般認爲木本植物生長所需時間較草本長，木本植物生長茂密的地區常被認爲處於演替較後期的階段。評估範圍內喬木及灌木覆蓋樣區面積的百分比率以表示植生狀況是否良好。
2. 植生種數（種／100m^2）：代表植物社會的多樣性。
3. 樣區原生種覆蓋度（%）：樣區內所有原生種覆蓋樣區面積的百分比率。低原生種覆蓋度百分比代表具有外來種入侵的現象。
4. 植物社會層次：代表植物社會空間結構的複雜度，層次愈多，代表其植物社會組成愈複雜，愈趨向天然林環境。
5. 演替階段：代表植物群聚隨環境及時間變遷而發生變化的階段，即由演替初期至後期的過程。

7-4 生命週期的棲地條件

溪流棲地係複雜的動態系統，存在水域生物多樣性及演化。棲地能夠提供適宜的流速、水深、水溫、酸鹼值、溶氧量和濁度等水理和水質因子，讓水域生物順利完成其生活史。水域棲地需要提供水域族群棲息、覓食、繁衍、避難和遷徙等功能。

1. 棲息：礫石及圓石孔隙提供水域動物、水棲昆蟲和蝦蟹類居住築巢。
2. 覓食：植食性魚類以藻類、植物爲食；肉食性則捕食昆蟲、蠕蟲、蝦蟹、小魚。多數魚種屬於雜食性。魚苗和幼魚大多以浮游動植物（微生物）爲食，隨著體型成長逐漸轉換成較大餌料。餌料爲附著藻類或水生植物、水域內的枯枝落葉、有機物。
3. 繁衍：不同魚種的繁衍行爲需要不同的水溫、產卵底床、流速等條件。山區溪流魚種大多利用淺水、礫石底質區域產卵。魚苗至幼魚棲息在岸邊緩流區；長大後才移動到主要水域生活。
4. 避難：岩盤、溪床上大粒徑的塊石及塊石縫隙、樹枝、倒木、懸垂水面上的植物枝條、水中的植物、根系等形成的空間等遮蔽處所提供魚類躲避捕食者、魚隻間的競爭，或洪水及乾旱等天然災害事件。深潭及小支流在洪水及乾旱時期可以提供暫時性避難所。
5. 遷徙：洄游性魚種需要河口至中上游連續的遷移路徑。初級淡水魚也會因不同生活史階段或繁衍需求在溪流內遷移。人爲構造物與下游側水面的垂直落差應小於 0.35 m，且垂直落差下游需有足夠長度及深度的跳躍池，否則會形成縱向廊道的阻隔。另外，水深太淺如伏流、斷流、無表面水流或是流速太快如涵管、箱涵等都會造成水域族群遷徙的障礙。

表 7-4　水域族群共同需求

需求	說明
棲息	深潭、深流、淺瀨、淺流、大石、石縫、樹蔭、濱溪草本
覓食	植食性、肉食性和雜食性（藻類、昆蟲、小魚、浮游動物、甲殼類、有機碎屑等）
繁衍	流速較緩、砂泥或砂礫底質河床
避難	砂質河床
水文	水溫、水質、溶氧量
習性	底棲、溯河、降河、河海洄游

表 7-5　需要不同水域棲地的物種

物種	說明
埔里中華爬岩鰍	喜歡湍急水流，繁殖期需要緩流的淺灘育兒
圓吻鯝	喜歡湖泊，繁殖期需要腹部刺激引發交配慾望
粗首鱲	喜歡湍急水流，繁殖期需要緩流的淺灘育兒
長臂蝦科	喜歡山澗、溪流或湖泊，躲藏在石塊堆砌的縫隙
匙蝦科	喜歡山澗、溪流或湖泊，躲藏在水草繁盛或岸邊淺水域

7-5　蝦蟹類

蝦蟹類也有洄游型和陸封型兩大類：

1. 洄游型蝦類：母蝦在繁殖期間於原棲息地或降河至河口將剛孵化的蚤狀幼蟲排出，經過 8～11 次蛻殼變態後，顯現出蝦子形態的幼蝦開始從河口向河川上游洄游。
2. 陸封型蝦類：一生中不同階段都生活在淡水域中。母蝦在繁殖期間於原棲息地將剛孵化的蚤狀幼蟲排出後，幼蝦會躲到水草間避開水流沖擊。

3. 洄游型蟹類：降河洄游蟹類如字紋弓蟹、日本絨螯蟹、臺灣絨螯蟹。母蟹在繁殖期間往河口移動產卵，大多數親蟹產卵後隨即死亡。剛孵化的仔蟹須經過多次脫殼後才成爲底棲型的大眼幼蟲洄游至河川水域。
4. 淡水蟹類：淡水蟹沒有強大的游泳能力，因而分布範圍狹小，長時期的隔絕導致演化成新種。

蝦蟹類和魚類同爲水生生物，對流量、水質、避難、產卵場、迴游路線等環境基本需求大同小異，同樣無法忍受河床擾動的影響。淡水蝦蟹類不善於游泳，無法使用水量大、流速快的魚道，可考慮粗糙度高的麻布袋、麻繩、棧道代替魚道。淡水蟹不喜歡長時間浸泡在水裡，喜歡在岸邊築穴或躲藏在礫石底下生活。岸邊潮溼土地是其棲地；路邊坡腳、河岸水泥化，山溝、田間灌溉水道溝渠化會毀掉其棲地。

7-6 鳥類

溪流鳥類可以分爲山林溪流鳥類和平原溪流鳥類兩大類：

（一）山林溪流鳥類

又稱溪澗鳥，如小剪尾、鉛色水鶇、紫嘯鶇、河烏、黃魚鴞、綠簑鷺等。

（二）平原溪流鳥類

又可細分下列 4 科：

1. 鷺科：蒼鷺、大白鷺、中白鷺、小白鷺、夜鷺、栗小鷺、黃小鷺。
2. 秧雞科：紅冠水雞、白腹秧雞、緋秧雞、灰胸秧雞；
3. 翡翠科：翠鳥（魚狗、釣魚翁）。
4. 鳩鴿科：翠翼鳩。

表 7-6　鳥類活動的棲地類型

類型	植物	鳥類
森林	原始林（林冠層、中層、底層及地表）	鷲鷹科、隼科、鴟鴞科、雉雞科、畫眉科、鳩鴿科、山雀科、啄木鳥科、鶲科、鶇科、啄花鳥科、山椒鳥科、鴉科、杜鵑科、五色鳥科、鵐科、卷尾科中的部分鳥種
	人工林（底層灌叢）	畫眉科、雉科、鸚嘴科、文鳥科、鵯科
草叢及灌木	高山灌叢、高山箭竹草原、高山芒草原、低海拔箭竹草原、低海拔芒草原及人工草地	鶯科、三趾鶉科、畫眉科、鸚嘴科、夜鷹科、文鳥科、鵐科、雀科
農耕地	果園、竹林、農地、墓地或荒地	文鳥科、鵯科、繡眼科、伯勞科、鶺鴒科、雀科、秧雞科、八哥科、鵐科、鶇科及卷尾科的部分鳥種
水域或溼地	溪流、湖泊或水池、海岸溼地、海岸林、海岸草生地、珊瑚礁灌叢	翡翠科、河烏科、鷗科、鷸科、鴴科、鶺鴒科、鷺鷥科、朱鷺科、雁鴨科、鶇科的部分鳥種
其他	人工設施區域或岩洞	家八哥、白頭翁、麻雀、綠繡眼
	不受限棲地類型	雨燕科與燕科

表 7-7　水域周邊常見的鳥類

平地至低海拔山區	赤腰燕、家燕、黃魚鴞
水田、池沼、	黃鶺鴒、白鶺鴒、洋燕、黃頭鷺（牛背鷺）、磯鷸、紅冠水雞、白腹秧雞、緋秧雞、綠頭鴨、琵嘴鴨
農墾地、草叢	褐頭鷦鶯、棕扇尾鶯、黃頭鷺（牛背鷺）、八哥、小杓鷸

平地至低海拔山區	赤腰燕、家燕、黃魚鴞
河口、沙洲、魚塭	大白鷺、小白鷺、蒼鷺、中白鷺、夜鷺（暗光鳥）、斑尾鷸、濱鷸、鐵嘴鷸、東方環頸鴴、小環頸鴴、小青足鷸、鷹斑鷸、青足鷸、塥鷸、大杓鷸、中杓鷸、花嘴鴨、小水鴨、綠頭鴨
水庫、湖泊	魚鷹、花嘴鴨、小水鴨、琵嘴鴨
平地至高山，河口、沼澤附近草原	紅隼
溪流	小白鷺、夜鷺（暗光鳥）、小水鴨、河烏

7-7 物種活動的場域

表 7-8 魚、蝦、蟹類活動的場域

區域	種類
高溶氧急流區	臺灣石鱝、高身鏟頜魚、臺灣纓口鰍、臺灣間爬岩鰍、臺東間爬岩鰍、埔里中華爬岩鰍、南臺中華爬岩鰍、光倒刺鲃、陳氏鰍鮀、大河沼蝦
緩流潭區或湖泊	飯島氏銀鮈、菊池氏細鯽、臺灣副細鯽、日本沼蝦
深潭	臺灣石鱝、櫻花鉤吻鮭、臺灣馬口魚、臺灣鏟頜魚
底棲	短吻小鰾鮈、高身小鰾鮈、臺灣纓口鰍、臺灣間爬岩鰍、臺東間爬岩鰍、埔里中華爬岩鰍、南臺中華爬岩鰍、明潭吻鰕虎、短吻紅斑吻鰕虎、大吻鰕虎、南臺吻鰕虎、恆春吻鰕虎
平瀨	粗首鱲
淺瀨	明潭吻鰕虎、短吻紅斑吻鰕虎、大吻鰕虎、南臺吻鰕虎、恆春吻鰕虎
石縫	臺灣石鱝、臺灣馬口魚、臺灣鏟頜魚

區域	種類
砂泥底部	鱸鰻
山溝旁的草叢或樹根間挖洞	藍灰澤蟹、紅鰲螳臂蟹
礫石溪床	短吻小鰾鮈、高身小鰾鮈、臺灣纓口鰍、臺灣間爬岩鰍、臺東間爬岩鰍、埔里中華爬岩鰍、南臺中華爬岩鰍、明潭吻鰕虎、短吻紅斑吻鰕虎、南臺吻鰕虎、恆春吻鰕虎、日本瓢鰭鰕虎、光倒刺鲃、蔡氏澤蟹、伍氏厚蟹
泥質灘地	臺灣沼蝦、隆脊張口蟹、網紋招潮蟹、兇狠圓軸蟹、鋸緣青蟳、正蟳、紅腳蟳

表 7-9　水域周邊常見的兩棲類

水田、池沼	古氏赤蛙、腹斑蛙、貢德氏赤蛙、澤蛙、虎皮蛙、黑蒙西氏小雨蛙、豎琴蛙、臺北赤蛙、盤古蟾蜍、黑框蟾蜍、金線蛙
樹林、果園、草叢	艾氏樹蛙、中國樹蟾、小雨蛙、諸羅樹蛙
樹林、池沼	莫氏樹蛙、臺北樹蛙、面領樹蛙、拉都希氏赤蛙、梭德氏赤蛙、梭德氏赤蛙、長腳赤蛙、面天樹蛙
原始闊葉林	橙腹樹蛙
樹林底層	史丹吉氏小雨蛙、翡翠樹蛙
溪流、溝渠	褐樹蛙、斯文豪氏赤蛙、日本樹蛙、巴氏小雨蛙

表 7-10　水域周邊常見的爬蟲類

水田、池沼	草花蛇（草尾仔蛇）、柴棺龜、紅耳泥龜（巴西龜）、斑龜
農墾地、草叢	過山刀（大目仔蛇）、錦蛇、長尾南蜥（肚定、肚定蛇）、南蛇（山熱、南仔、鼠蛇）
溪邊樹梢	青蛇、赤尾青竹絲（青竹絲）、大頭蛇
溪邊草叢	眼鏡蛇（飯匙倩）、紅斑蛇（臭節仔、紅節仔）、雨傘節（手巾蛇、銀環蛇）、食蛇龜

樹林、果園	牧氏攀蜥（肚定、老啄公仔）、鉛山壁虎（守宮、善銅仔）、斯文豪氏氏攀蜥（肚定、老啄公仔）、白梅花蛇、黃口攀蜥（肚定、老啄公仔）
石礫地	龜殼花（烙鐵頭）
樹林底層	赤背松柏根、黑頭蛇

第八章　保育物種

8-1　紅皮書

根據 2017 年的聯合國報告，地球上已經超過 1/4 族群量接近滅絕威脅，國際自然保育聯盟，International Union for Conservation of Nature, IUCN 每隔一段時間就會針對地球生物進行評估調查，發表各族群量瀕危以及需要保育程度的報告，稱爲 The IUCN Red List of Threatened Species，稱 IUCN 紅皮書名錄。

一、IUCN紅皮書受脅類

IUCN 紅皮書將所有欲評估物種分爲符合區域評估物種和不符合評估（Not evaluated, NE）物種兩大類。符合區域評估物種再刪去不適用（Not applicable, NA）物種，其餘爲可納入評估物種。以鳥類爲例，排除評估物種的條件如表 8-1：

表 8-1　排除評估物種條件

類	條件
繁殖	外來種
	非年年穩定繁殖且年數量紀錄 < 250 隻
	1950 年後自然出現，但連續繁殖未超過 10 年，且數量 < 250 隻
非繁殖	迷鳥或非穩定出現（連續出現未超過 10 年）
	穩定出現數量比例未達全球族群量 0.5% 或總數 < 250 隻

從可納入評估物種中刪除資料缺乏（Data deficient, DD）的物種後，

依據滅絕風險分為滅絕、受脅、低危三大類，其中，

1. 滅絕：滅絕又分滅絕（Extinct, EX）、野外滅絕（Extinct in the wild, EW）和區域滅絕（Regionally extinct, RE）。滅絕係指族群量完全消失。當族群量的數量少於 30 的時候，該族群量的滅絕幾乎是可以預期。野外滅絕則是沒有野生狀態的族群量；只有人類圈養的物種。
2. 受脅（Threatened）：受威脅表示受到滅絕危險的威脅。
   依據受威脅的程度由高到低可以分為極危（Critically endangered, CR）、瀕危（Endangered, EN）和易危（Vulnerable, VU）。
3. 低危：低滅絕風險的族群量。可以分接近受脅（Near threatened, NT）和暫無危機（Least concern, LC）。

IUCN 紅皮書類如圖 8-1 所示。

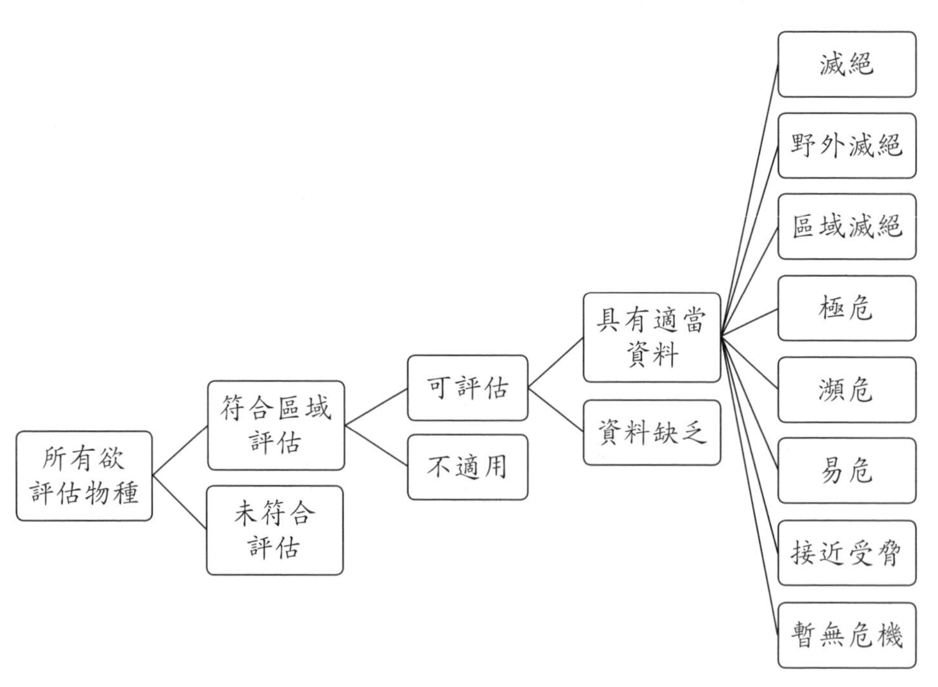

圖 8-1　IUCN 紅皮書類

二、評估流程

依據 IUCN 評估標準（IUCN Standard and Petitions Subcommittee, 2016），評估流程有：

1. 族群量快速下降（Rapid population reduction）。
2. 分布局限、碎裂化，族群下降或嚴重波動（Small range and fragmented, declining, or extreme fluctuations）。
3. 小族群且持續下降（Small population and declining）。
4. 非常小的族群（Very small population）。
5. 量化分析（Quantitative analysis）。

三、評估標準

農業委員會特有生物研究保育中心和林務局依據 IUCN Standard and Petitions Subcommittee（2016）的評估流程修正 IUCN 紅皮書受脅（極危、瀕危、易危）及接近受脅類評估標準如下：

（一）族群量下降（時間區間為10年或3個世代，以較長者為優先）

表 8-2　族群量下降評估標準

判定標準	極危（CR）	瀕危（EN）	易危（VU）	接近受脅（NT）
A1	≥ 90%	≥ 70%	≥ 50%	≥ 30%
A2, A3 & A4	≥ 80%	≥ 50%	≥ 30%	≥ 20%

A1. 經由以下列舉任何方式所觀察、推估、推測或懷疑物種族群下降已經發生，而造成下降的原因明顯是可逆的且原因已知並且停止：

1. 直接觀察（A3 除外）。
2. 適合該分類群的物種豐度指數。
3. 分布範圍、占有面積或棲地品質減少或下降。
4. 實際或潛在的開發破壞。

5. 受外來種、雜交種、病原、污染源、競爭者或寄生物的影響。

A2. 經由 A1 所列舉任何方式所觀察、推估、推測或懷疑物種族群降低已經發生，但造成降低的原因仍未停止、不明或不可逆。

A3. 經由 A1 所列舉任何方式所預估、推測或懷疑物種族群未來近期內會降低（時間最長為 100 年）。

A4. 經由 A1 所列舉任何方式所觀察、推估、推測或懷疑物種族群未來任何一段時間會降低，造成降低的原因仍未停止、不明或不可逆。

（二）分布範圍的判定標準

表 8-3　分布範圍的判定標準

判定標準	極危（CR）	瀕危（EN）	易危（VU）	接近受脅（NT）
B1. 占有面積（EOO, km^2）	< 100	< 5,000	< 20,000	<20,000
B2. 分布範圍（AOO, km^2）	< 10	< 500	< 2,000	< 2,000
族群需遭遇以下至少兩種情況（至少一種狀況適用於 NT 類）				
(a) 嚴重破碎化或居留區數目為右項數值	= 1	≤ 5	≤ 10	≤ 10
(b) 經由觀察、推估、推測或預估，下列各項情況之一的數值仍持續下降者：(i) 占有面積；(ii) 分布範圍；(iii) 棲地的區域、實際面積或品質；(iv) 生長地點或亞族群的數目；(v) 能繁殖的成熟個體數				
(c) 下列各項情況其中之一的數值呈現劇烈變動時：(i) 占有面積；(ii) 分布範圍；(iii) 生長地點或亞族群的數目；(iv) 能繁殖的成熟個體數				

（三）族群量小且下降的判定標準

表 8-4　族群量小且下降的判定標準

判定標準	極危（CR）	瀕危（EN）	易危（VU）	接近受脅（NT）
族群內的成熟個體數	< 250	< 2,500	< 10,000	<20,000
物種族群遭遇以下至少兩種情況：				
C1. 經由觀察、推估或預估物種族群成熟個體數持續下降。（時間至少為未來100年）	3 年或下一代下降 25%	5 年或下二代下降 20%	10 年或下三代下降 10%	10 年或下三代下降 10%
C2. 經由觀察、推估或預估，能繁殖的成熟個體數持續下降，而且其族群結構遭遇下列至少一種情況者：				
a(i) 每個亞族群能繁殖的成熟個體數	≤ 50	≤ 250	≤ 1,000	≤ 1,000
a(ii) 成熟個體都生長在一個單獨的小族群內所占比例	90%	95%	100%	100%
(b) 成熟個體呈現劇烈變動				

（四）族群數量極少且分布局限與量化分析的判定標準

表 8-5　族群數量極少且分布局限與量化分析的判定標準

判定標準	極危（CR）	瀕危（EN）	易危（VU）	接近受脅（NT）
族群遭遇以下情況：				
D. 成熟個體數	< 50	< 250	D1. < 1,000	D1. < 2,500

判定標準	極危（CR）	瀕危（EN）	易危（VU）	接近受脅（NT）
與或遭遇以下情況：				
D2. 出現面積受限或位於居留區的物種族群在未來有可能會面臨威脅，使之受脅程度提升至極危或瀕危等級（此準則只用於評估易危及接近受脅等級）。	NA	NA	D2. 出現面積 < $20km^2$ 或分布地點 ≤ 5	D2. 出現面積 < $50\ km^2$ 或分布地點 ≤ 10
E. 量化分析				
在野外絕種的機率	10 年內或三個世代內在野外絕種的機率超過 50%	20 年內或五個世代內在野外絕種的機率超過 20%	100 年內在野外絕種的機率超過 10%	100 年內在野外絕種的機率超過 5%

上列各項標準中，如果易危和接近受脅的面積或數量相同時，以人類繁殖或畜養者列入接近受脅類。

8-2 臺灣紅皮書名錄

2016 到 2017 年間，農業委員會特有生物研究保育中心和林務局依據 IUCN 的建議類和標準，共出版鳥類、爬行類、兩棲類、淡水魚、陸域哺乳類和維管束植物等 6 本紅皮書名錄，摘錄如下：

一、2016臺灣鳥類紅皮書名錄

納入評估候選鳥種共 627 種，其中 311 種不適用區域評估篩選門檻，

316 種進入評估流程。

調查結果顯示臺灣有 52 種或亞種國家受脅鳥類，其中屬於國家極危類有青頭潛鴨、環頸雉、林三趾鶉、黑嘴鷗、琵嘴鷸、黑嘴端鳳頭燕鷗等 6 種或亞種；屬於國家瀕危類有小鵪鶉、東方白鸛、熊鷹、鵟鷸、大濱鷸、諾氏鷸、草鴞、黃魚鴞、八色鳥、臺灣畫眉、臺灣八哥、金鵐、山麻雀等 13 種或亞種；屬於國家易危類有 33 種或亞種；另外還有 31 種或亞種為國家接近受脅物種。其中，國家受脅及接近受脅鳥種數分別占評估鳥種數的 16.5% 及 9.8%，以及總鳥種數的 8.3% 及 4.9%。

出現於臺灣的全球受脅鳥種有 37 種，其中 14 種屬於國家受脅，1 種屬於國家接近受脅，22 種列於不適用物種。

二、2017臺灣陸域爬行類紅皮書名錄

納入評估候選爬行類共 94 種，其中 5 種外來種不適用區域評估篩選門檻，89 種進入評估流程。

調查結果顯示臺灣有 5 種或亞種國家受脅爬行類，其中，金龜屬於國家極危類物種；金絲蛇、唐水蛇等 2 種物種屬於國家瀕危類物種；食蛇龜、鉛色水蛇等 2 種屬於國家易危類物種；有柴棺龜、牧氏攀蜥、沿岸島蜥、白腹遊蛇等 4 種或亞種歸於國家接近受脅類物種。另外有 25 種或亞種屬於數據缺乏類，其餘 55 種屬於暫無危機類。國家受脅、接近受脅及數據缺乏爬行類種數分別占評估爬行類種數的 5.6%、4.5% 及 28.1%。

出現於臺灣的全球受脅爬行類有食蛇龜、柴棺龜、金龜、斑龜、中華鱉、金絲蛇、眼鏡蛇等 7 種。其中 3 種屬於國家受脅類，1 種屬於國家接近受脅類，3 種列於暫無危機類。

三、2017臺灣兩棲類紅皮書名錄

納入評估候選的兩棲類共有 40 種，其中 3 種屬於不適用區域評估的

族群量，所以計有 37 種兩棲類進入評估流程。

調查結果顯示屬於臺灣極危類者有南湖山椒魚、豎琴蛙等 2 種物種；臺灣瀕危類者有臺灣山椒魚、觀霧山椒魚、楚南氏山椒魚、臺北赤蛙、諸羅樹蛙、橙腹樹蛙等 6 種物種；臺灣易危類者有阿里山山椒魚、史丹吉氏小雨蛙、臺北樹蛙等 3 種物種。11 種受脅族群量占所有評估兩棲類種數的 29.7%。其餘 26 種兩棲類中，有 3 種屬於臺灣接近受脅類，有 5 種屬於數據缺乏，另有 18 種屬於臺灣暫無危機類。

四、2017臺灣淡水魚類紅皮書名錄

納入評估候選種類共 262 種，其中 167 種不適用區域評估篩選門檻，95 種進入評估流程。

調查結果顯示臺灣有 4 種淡水魚類已經滅絕，其中，銳頭銀魚屬於滅絕物種；香魚、楊氏鰍突鰕虎、中華刺鰍等 3 種屬於地區性滅絕物種。25 種或亞種國家受脅淡水魚類中，屬於國家極危類有日本鰻鱺、溪流細鯽、巴氏銀鮈、蘭嶼吻鰕虎等 4 種物種；屬於國家瀕危類有菊池氏細鯽、陳氏鰍鮀、臺灣梅氏鯿、臺灣副細鯽、半紋小鲃、斯奈德小鲃、臺東間爬岩鰍、臺灣鮰、細斑吻鰕虎、恆春吻鰕虎魚、南臺吻鰕虎、臺灣櫻花鉤吻鮭等 12 種物種；屬於國家易危類有纓口臺鰍、臺灣間爬岩鰍、長脂擬鱨、圓吻鯝、大鱗梅氏鯿、大眼華鯿、高屏馬口鱲、青鱂、七星鱧等 9 種物種。另外，有 11 種歸於國家接近受脅類。國家受脅及接近受脅淡水魚類種數分別占評估淡水魚種數的 26.3% 及 11.6%，以及總淡水及河口魚種數的 9.5% 及 4.1%。45 種列爲國家暫無危機類；10 種列爲資料缺乏類。

出現於臺灣的全球受脅及接近受脅淡水魚類共有淡水魚類共有 6 種，其中 3 種屬於國家受脅類，2 種屬於國家接近威脅類。

五、2017臺灣陸域哺乳類紅皮書名錄

納入評估候選的陸域哺乳類共85種，其中5種不適用區域評估篩選，80種進入評估流程。

調查結果顯示臺灣地區有12種國家受脅陸域哺乳類動物，其中屬於國家極危類有臺灣狐蝠、歐亞水獺等2種物種；屬於國家瀕危類有霜毛蝠、臺灣黑熊、石虎等3種物種；屬於國家易危類有臺灣無尾葉鼻蝠、金黃鼠耳蝠、水鼩、黃喉貂、臺灣小黃鼠狼、麝香貓、穿山甲等7種。另外，有黑腹絨鼠、高山田鼠、食蟹獴、臺灣水鹿、臺灣野山羊等5種歸於國家接近受脅類。國家受脅及接近受脅陸域哺乳類種數分別占評估種數的15.0%及6.3%。

出現於臺灣的全球受脅陸域哺乳類有4種，其中，臺灣黑熊、穿山甲屬於國家受脅物種；臺灣水鹿屬於國家接近受脅物種；臺灣雲豹爲國家滅絕物種。

六、2017臺灣維管束植物紅皮書名錄

具有野生紀錄的維管束植物共5,188分類群，其中746分類群不適用區域評估篩選條件，4,442分類群進入評估流程。

調查結果顯示臺灣有27種野生維管束植物已經滅絕，其中，烏來杜鵑、龍潭莕菜、雅美芭蕉、異葉石龍尾、桃園石龍尾等5種屬於野外絕滅物種；黃花蒿、狗舌草、大蔍草、寬穗薹、鹼簣、水社扁莎、尖穗飄拂草、四方型飄拂草、華刺子莞、赤箭莎、印尼珍珠茅、彎果茨藻、齒萼挖耳草、寬葉母草、禿梗露珠草、明潭羊耳蒜、水禾、野生稻、澤珍珠菜、紅茄冬、細蕊紅樹、秦椒等22種屬於區域滅絕物種。國家受威脅野生維管束植物共有989分類群，其中屬於極危類有195分類群，瀕危類有283分類群，易危類有511分類群。另外，有463分類群歸於接近受脅的類，336分類群歸於資料缺乏的類，其餘2,627分類群則屬於暫無危機的類。

國家受威脅和接近受脅的野生維管束植族群量數分別占評估種數的 22.3% 及 10.4%。

8-3　陸域保育類野生動物名錄

2019 年農業委員會配合 2018 年海洋委員會成立，刪除海洋保育類野生動物名單，依據野生動物保育法修正名稱並公告陸域保育類野生動物名錄。並增列修法前已飼養的 16 種鳥類物種和 12 種爬蟲類物種爲陸域保育類野生動物。

一、鳥類

林三趾鶉、臺灣朱雀（酒紅朱雀、朱雀）、長尾鳩、紅腰杓鷸（黦鷸）、栗背林鴝（阿里山鴝）、黃胸藪眉（藪鳥）、白耳畫眉、黑頭文鳥（栗腹文鳥）、冠羽畫眉、岩鷚、董雞、黑尾鷸、大濱鷸（姥鷸）、紅腹濱鷸（漂鷸）、青頭潛鴨、金鵐等 16 種。

二、爬蟲類

草花蛇、婆羅蜥科（無耳巨蜥科）所有種、肯亞樹蝰、肯亞角蝰（肯亞嗌蝰）、安氏樹鱷蜥、坎氏樹鱷蜥、飾緣樹鱷蜥、弗氏樹鱷蜥、聖山樹鱷蜥、幻彩壁虎、鈷藍日守宮、的的喀喀湖蛙等 12 種。

農業委員會依據動物種類將名錄分爲：陸域（含淡水域）哺乳類、陸域（含淡水域）鳥類、陸域（含淡水域）爬蟲類、陸域（含淡水域）兩棲類、陸域（含淡水域）魚類、陸域（含淡水域）昆蟲類及陸域（含淡水域）其他種類的動物等七大類。2019 年修正公告的陸域保育類野生動物名錄內容如表 8-6 所示：

表 8-6 陸域保育類野生動物名錄內容

大類	物種
陸域（含淡水域）哺乳類	北美叉角羚（僅墨西哥族群）、弓角羚羊、髯羊、牛羚牛（家畜型除外）、犛牛（家畜型除外）、考布利牛、矮水牛、菲律賓水牛、山地矮野水牛、扭角羚、螺角山羊、中華鬣羚、紅鬣羚、蘇門達臘鬣羚、臺灣野山羊（臺灣長鬃山羊）、喜馬拉雅鬣羚、布魯克遁羚、海灣遁羚、珍氏遁羚、奧吉碧遁羚、黃背遁羚、斑紋遁羚、白臀白面狷羚、奎氏瞪羚、細角瞪羚、馬羚、紅水羚、紅山羚、華北山羚、喀什米爾山羚、華南山羚、鹿羚、彎角羚、阿拉伯羚、盤羊、大角羊（僅墨西哥族群）、塞普路斯赤羊、沙竇赤羊、藏羚、藍遁羚、武廣牛、阿伯魯茲雪米羚、蒙古賽加羚羊、大鼻羚、原駝、南美駝馬、喀拉米豚鹿、印度豚鹿、恆河豚鹿、沼澤鹿、中亞紅鹿、喀什米爾馬鹿、波斯鹿、駱鹿屬所有種、黑麂、越南大麂、南美草原鹿、北方普度鹿、智利巴鹿、沼鹿、坡鹿、臺灣水鹿、侏儒河馬、河馬、麝鹿屬所有種、西里伯斯鹿豚、伯拉貝塔鹿豚、北方蘇來威斯鹿豚、馬倫蓋鹿豚、姬豬、猯豬科所有種（瀕臨絕種物種除外）、猯豬、小貓熊、狼、食蟹狐、鬃狼、亞洲豺犬、寇巴俄狐、達爾文狐、阿根廷灰狐、巴拉圭狐、叢林犬、阿富汗狐、耳郭狐、馬島長尾狸貓、小齒獴、馬島麝貓、貓科所有種（瀕臨絕種物種及家貓除外）、獵豹、譚氏金貓、黑足貓、喬氏貓、安地斯山貓、美洲豹貓、虎貓、長尾虎貓、林犭曳、雲豹、臺灣雲豹、亞洲獅、美洲豹、花豹、虎、紋貓、石虎、扁頭貓、佛羅里達山獅、哥斯大黎加山獅、北美山獅、南美金貓、雪豹、棕簑貓（食蟹獴）、阿根廷臭鼬、水獺亞科所有種（此亞科包含無爪水獺屬 *Aonyx* spp.、海獺屬 *Enhydra* spp.、斑頸水獺屬 *Hydrictis* spp.、美洲水獺屬 *Lontra* spp.、水獺屬 *Lutra* spp.、印度水獺屬 *Lutrogale* spp.、大水獺屬 *Pteronura* spp. 等七屬所有種；海洋生態系物種與瀕臨絕種物種除外）、剛果無爪水獺、南美水獺、智利水獺、歐亞水獺、水獺、日本水獺、大水獺、黃喉貂、臺灣小黃鼠狼、黑足雪貂、熊科所有種（瀕臨絕種物種除外）、大貓熊、馬來熊、懶熊、眼鏡熊、喜馬拉亞熊、亞洲黑熊、臺灣黑熊、獺狸貓、橫帶狸貓、條紋靈貓、東方蓑貓、麝香貓、無尾葉鼻蝠、果蝠屬所有種（瀕臨絕種物種除外）、菲律

大類	物種
	賓果蝠、狐蝠屬所有種（瀕臨絕種物種除外）、臺灣狐蝠、白胸狐蝠、沖繩狐蝠、瑪利安娜狐蝠、西太平洋卡洛島狐蝠、帛琉狐蝠、帛琉果蝠、南太平洋沙曼亞島狐蝠、東加狐蝠、科斯拉伊狐蝠、雅浦島狐蝠、多毛狁狳、大狁狳、長尾袋鼩、沙漠袋鼩、灰樹袋鼠、黑樹袋鼠、西部兔袋鼠、條紋兔袋鼠、尖尾兔袋鼠、東方袋貂、隱斑袋貂、灰袋貂、金鐘島袋貂、短尾斑袋貂、衛古島袋貂、草原袋鼠屬所有種、澳洲毛鼻袋熊、阿薩密兔、墨西哥兔、長吻針鼴屬所有種、條紋袋狸、兔形袋狸、非洲野驢（家畜型除外）、格利威斑馬、亞洲野驢（瀕臨絕種的亞種除外）、蒙古野驢、印度野驢、西藏野驢、蒙古野馬（家畜型除外）、哈特曼山斑馬、南非山斑馬、犀牛科所有種、貘科所有種（珍貴稀有物種除外）、巴西貘、穿山甲屬所有種（臺灣穿山甲除外）、臺灣穿山甲（中國鯪鯉）、侏儒三指樹獺、玻利維亞樹獺、大食蟻獸、靈長目所有種（瀕臨絕種及臺灣獼猴除外）、長毛吼猴、鬃毛吼猴、紅面吼猴、黑額蜘蛛猴、巴拿馬蜘蛛猴、捲毛蜘蛛猴、北方絨毛蛛猴、山地絨毛猴、猴狨、白耳狨、黃頭狨、獅狨屬所有種、雙色猿狨、棉冠猿狨、白腳猿狨、馬氏梩栁猴、棉頂狨、紅背松鼠猴、塔那河長尾猴、黛安娜鬚猴、羅洛威鬚猴、獅尾獼猴、巴巴利獼猴、鬼狒、山魈、長鼻猴、桑吉巴紅疣猴、塔那河紅疣猴、白頰葉猴、海南葉猴屬所有種、金絲猴屬所有種、喀什米爾灰葉猴、南部平原灰葉猴、印度葉猴、達頓灰葉猴、黑足灰葉猴、毛冠灰葉猴、喜山長尾葉猴、豬尾葉猴、黃冠葉猴、冠葉猴、邵力殊葉猴、侏儒狐猴科所有種、指猴、山地大猩猩、大猩猩、黑猩猩屬所有種、蘇門答臘猩猩、紅毛猩猩、長臂猿科所有種、光面狐猴科所有種、狐猴科所有種、鼬狐猴科所有種、懶猴屬所有種、禿猴屬所有種、白鼻狐尾猴、亞洲象、非洲象、栗鼠屬所有種（馴養型除外）、巢鼠、澂灣擬鼠、偽沼鼠、中澳粗尾鼠、墨西哥草原松鼠、大松鼠屬所有種、樹鼩目所有種、水鼩

大類	物種
陸域（含淡水域）鳥類	鴛鴦、奧克蘭鴨、馬島麻斑鴨、紐西蘭棕鴨、花臉鴨（巴鴨）、雷仙島鴨、坎貝爾鴨、白翅棲鴨、青頭潛鴨、阿留申黑頰黑雁、紅胸黑雁、黃額黃雁、扁嘴鵝、黑頸天鵝、黑嘴樹鴨、白頭硬尾鴨、粉頭鴨（可能已滅絕）、瘤鴨、蜂鳥科所有種（瀕臨絕種物種除外）、鉤喙蜂鳥、燕鴴、水雉（雉尾水雉）、彩鷸、琵嘴鷸、紅腹濱鷸、黑尾鷸、半蹼鷸、白腰杓鷸（大杓鷸）、紅腰杓鷸、極北杓鷸、細嘴杓鷸、諾氏鷸、大濱鷸、林三趾鶉、唐白鷺、麻鷺、鯨頭鸛、東方白鸛、黑鸛、裸頸鸛、南美鸛、紅鸛科所有種、紅䴉、禿䴉、隱䴉、朱䴉、白琵鷺、黑面琵鷺、黑頭白䴉、尼可巴鴿、紅喉皇鳩、呂宋雞鳩、鳳冠鳩屬所有種、紅頭綠鳩、長尾鳩、盔犀鳥屬所有種（瀕臨絕種物種除外）、棕頸犀鳥、鳳頭犀鳥屬所有種、斑犀鳥屬所有種、冠犀鳥屬所有種、犀鳥屬所有種（瀕臨絕種物種除外）、雙角犀鳥、斑嘴犀鳥屬所有種、鋼盔犀鳥、皺盔犀鳥屬所有種（瀕臨絕種物種除外）、赤頸犀鳥、冠蕉鵑屬所有種、隼形目所有種（瀕臨絕種物種除外）、日本松雀鷹、北雀鷹、赤腹鷹、鳳頭蒼鷹、松雀鷹（雀鷹）、西班牙白肩鵰、白肩鵰、灰面鵟鷹（灰面鷲）、鵟、鉤嘴鳶、灰澤鵟（灰鷂）、花澤鵟（鵲鷂）、澤鵟（東方澤鵟、東方澤鷂）、黑翅鳶、白尾海鵰、角鵰、林鵰、黑鳶（老鷹）、魚鷹、東方蜂鷹（蜂鷹、雕頭鷹）、食猿鵰、大冠鷲、赫氏角鷹（熊鷹）、加州神鷲、安地斯神鷲、塞昔爾隼、印度獵隼、擬遊隼、遊隼（隼）、模里西斯隼、矛隼、燕隼、紅隼、紅嘴鳳冠雉、大刀嘴鳳冠雉、角冠雉、白翅冠雉、黑額鳴冠雉、鳴冠雉、蘇拉威西塚雉、臺灣山鷓鴣（深山竹雞）、青鸞、彩雉、山齒鶉、藍胸鶉（馴養型除外）、藏馬雞、褐馬雞、灰原雞、血雉、棕尾虹雉、綠尾虹雉、白尾梢虹雉、愛德華氏鷴、藍腹鷴、綠孔雀、環頸雉、灰孔雀雉、眼斑孔雀雉、鳳冠孔雀雉、巴拉望孔雀雉、婆羅洲孔雀雉、鳳頭斑眼雉、白頸長尾雉、黑頸長尾雉、黑長尾雉（帝雉）、裡海雪雞、藏雪雞、灰腹角雉、黃腹角雉、黑頭角雉、草原榛雞、鶴科所有種（瀕臨絕種物種除外）、美洲鶴、古巴沙丘鶴、密西西比沙丘鶴、丹頂鶴、白鶴、白頭鶴、黑頸鶴、白枕鶴、鴇科所有種（瀕臨絕種物種除外）、大印度鴇、亞洲波斑鴇、波斑鴇、

大類	物種
	孟加拉鵪、森秧雞、董雞、鷺鶴、嘈叢鳥、花翅山椒鳥、臺灣藍鵲、帶斑傘鳥、冠傘鳥屬所有種、白翅傘鳥、野鵐（繡眼鵐）、黑冠黃雀、金鵐、黃嘴紅蠟嘴鵐、冠紅蠟嘴鵐、七彩唐加拉雀、綠色紅梅花雀、黑喉草雀、黑頭文鳥、黑頭紅金翅、黃臉金翅、臺灣朱雀、岩鷚、白眼河燕、橙頭黑鸝、紅尾伯勞、紋翼畫眉、畫眉、臺灣畫眉、棕噪眉（竹鳥）、白喉噪眉（白喉笑鶇）、灰胸藪鶥、黃胸藪眉、白耳畫眉、頭盔食蜜鳥、紫壽帶（綬帶鳥）、白尾鴝、魯克氏仙鶲、棕色刺鳥（可能已滅絕）、長尾刺鳥、小剪尾、黃腹琉璃、鉛色水鶇、禿頭岩鶲、灰頸岩鶲、白眉林鴝、栗背林鴝、黃鸝、朱鸝、天堂鳥科所有種、黃山雀、綠背山雀（青背山雀）、煤山雀、赤腹山雀、山麻雀、藍尾八色鶇、泰國八色鶇、呂宋八色鶇、仙八色鶇（八色鳥）、烏頭翁、黃冠鵯、臺灣戴菊（火冠戴菊鳥）、八哥、九官鳥、長冠八哥、飯島柳鶯（艾吉柳鶯）、銀耳相思鳥、紅嘴相思鳥、白頭鶇、冠羽畫眉、諾福克繡眼、大赤啄木、白腹黑啄木、綠啄木、黑頸阿卡拉鴷、綠阿卡拉鴷、厚嘴鵎鵼、鞭絺鵎鵼、紅嘴鵎鵼、凹嘴鵎鵼、巨鷺鯱、白鳳頭鸚鵡、葵花鳳頭鸚鵡、戈芬氏鳳頭鸚鵡、紅肛鳳頭鸚鵡、車輪冠鳳頭鸚鵡、鮭冠鸚鵡、藍眼鳳頭鸚鵡、小葵花鳳頭鸚鵡、紅尾黑巴丹鳳頭鸚鵡、棕櫚美冠鸚鵡、酋長鸚鵡、紅藍吸蜜鸚鵡、深藍吸蜜鸚鵡、澳洲國王鸚鵡、黃翼藍帽亞馬遜鸚鵡、白額亞馬遜鸚鵡、橙翅亞馬遜鸚鵡、紅項亞馬遜鸚哥、黃領帽亞馬遜鸚鵡、紅額亞馬遜鸚鵡、黃肩亞馬遜鸚哥、紅尾亞馬遜鸚哥、美麗亞馬遜鸚鵡、淡紫冠亞馬遜鸚哥、聖文森亞馬遜鸚哥、帝王亞馬遜鸚哥、古巴亞馬遜鸚哥、黃帽亞馬遜鸚鵡、黃頭亞馬遜鸚哥、紅眼鏡亞馬遜鸚哥、紅額亞馬遜鸚哥、赤楊亞馬遜鸚哥、聖蘆亞馬遜鸚哥、紅胸亞馬遜鸚哥、紅冠亞馬遜鸚哥、波多亞馬遜鸚哥、琉璃金剛鸚鵡屬所有種、大綠金剛鸚鵡、藍黃金剛鸚鵡、綠翅金剛鸚鵡、藍喉金剛鸚鵡、緋紅金剛鸚鵡、軍用金剛鸚鵡、紅額金剛鸚鵡、紅額亞馬遜鸚鵡、非洲黑鸚鵡、馬島鸚鵡、小藍金剛鸚鵡、諾福克紅額鸚鵡、黃額鸚鵡、紅額鸚鵡、新加里東紅額鸚鵡、雙眼無花果鸚鵡、角鸚鵡、金色鸚哥、藍翅鸚鵡、黃耳鸚哥、夜鸚鵡（可能已滅絕）、地棲鸚鵡、金頭凱克鸚

大類	物種
	鵡、紅帽鸚哥、好望角鸚鵡、藍頭金剛鸚鵡、藍翅金剛鸚鵡、金肩鸚鵡、黃肩長尾鸚鵡、樂園鸚鵡（已滅絕）、模里西斯環頸鸚鵡、灰鸚鵡、紅斑長尾鸚鵡、厚嘴鸚鵡屬所有種、貓面鸚鵡、美洲小鴕、美洲鴕、鴞形目所有種（瀕臨絕種物種除外）、短耳鴞、長耳鴞、鵂鶹、林斑小鴞、黃魚鴞、巨角鴞、褐鷹鴞、栗鷹鴞、蘭嶼角鴞（優雅角鴞）、領角鴞、黃嘴角鴞、東方角鴞、褐林鴞、東方灰林鴞（灰林鴞）、草鴞、馬島草鴞、孤共鳥、綠咬鵑
陸域（含淡水域）爬蟲類	揚子鱷、眼鏡凱門鱷阿帕波里斯河亞種、寬吻凱門鱷（阿根廷族群除外）、黑凱門鱷（巴西及厄瓜多族群除外）、美洲鱷（古巴族群除外）、非洲細吻鱷、奧利諾科鱷、菲律賓鱷、瓜地馬拉鱷、尼羅鱷（波札那、衣索比亞、肯亞、馬達加斯加、馬拉威、莫三比克、納米比亞、南非、烏干達、坦尚尼亞、尚比亞和辛巴威的族群除外）、沼澤鱷、河口鱷（澳大利亞、印尼和巴布亞紐幾內亞的族群除外）、古巴鱷、暹羅鱷、侏儒鱷、馬來長嘴鱷、恆河鱷、刺背鱷蜥屬所有種、呂氏攀蜥、牧氏攀蜥、哈特氏蛇蜥（蛇蜥、臺灣蛇蜥）、安氏樹鱷蜥、坎氏樹鱷蜥、飾緣樹鱷蜥、弗氏樹鱷蜥、聖山樹鱷蜥、賽席爾變色龍屬所有種、侏儒變色龍屬所有種、枯葉變色龍屬所有種（瀕臨絕種物種除外）、玫瑰枯葉變色龍、瘤冠變色龍屬所有種、變色龍屬所有種（高冠變色龍 *Chamaeleo calyptratus* 除外）、馬達加斯加變色龍屬所有種、非洲變色龍屬所有種、木蘭吉山變色龍屬所有種、三角變色龍亞屬所有種、環尾蜥屬所有種、幻彩壁虎、菊池氏壁虎（蘭嶼守宮、菊池氏蛤蚧）、雅美鱗趾虎（雅美鱗趾蝎虎）、鈷藍日守宮、蛇島弓趾虎、紐西蘭壁虎屬所有種、馬達加斯加葉尾壁虎屬所有種、毒蜥屬所有種（瀕臨絕種物種除外）、墨西哥毒蜥瓜地馬拉亞種、斐濟鬣蜥屬所有種、陸鬣蜥屬所有種、烏提拉刺尾鬣蜥、阿關刺尾鬣蜥、羅騰刺尾鬣蜥、拉刺尾鬣蜥、圓尾鬣蜥屬所有種、美洲鬣蜥屬所有種（綠鬣蜥 *Iguana iguana* 除外）、布蘭維爾斯角蜥、島角蜥、海岸角蜥、海灣角蜥、變色斑紋鬣蜥、西氏加納利群島蜥、利氏壁蜥、依比茲壁蜥、梭德氏草蜥（南臺草蜥）、婆羅蜥科（無耳巨蜥科）所有種、所羅門蜥、鱷尾蜥、

大類	物種
	閃光蜥屬所有種、巨蜥屬所有種（瀕臨絕種物種除外）、孟加拉巨蜥、黃巨蜥、沙漠巨蜥、科摩多巨蜥、點斑巨蜥、瑤山鱷蜥、馬達加斯加地蚺屬所有種、虹尾蚺阿根廷亞種、波多黎各虹蚺、莫島虹蚺、牙買加虹蚺、馬達加斯加樹蚺、雷蛇科所有種（瀕臨絕種物種除外）、圓島雷蛇、圓島地蚺、金絲蛇、擬蚺蛇、南美水蛇、印度食卵蛇、鉛色水蛇、高砂蛇、唐水蛇、黑眉錦蛇（錦蛇）、斯文豪氏游蛇、赤腹游蛇、草花蛇、寬盔頭蛇、單眼紋眼鏡蛇、緬甸眼鏡蛇、印度眼鏡蛇、中亞眼鏡蛇、菲律賓眼鏡蛇、安達曼眼鏡蛇、菲南眼鏡蛇、暹羅眼鏡蛇、印尼噴毒眼鏡蛇、蘇門答臘噴毒眼鏡蛇、眼鏡王蛇、羽鳥氏帶紋赤蛇、環紋赤蛇、梭德氏帶紋赤蛇（帶紋赤蛇）、亞洲岩蟒指名亞種、網紋蟒、林蚺科所有種、肯亞樹蝰、肯亞角蝰（肯亞嗞蝰）、鎖蛇、百步蛇、瑪家山龜殼花（阿里山龜殼花）、莽山烙鐵頭蛇、菊池氏龜殼花、草原蝰、魏氏蝮蛇、豬鼻龜、羅地島蛇頸龜、澳洲短頸龜、泥龜、牟氏水龜、沼澤箱龜、馬來潮龜、潮龜、三線潮龜、三線蓤背龜、紅額潮龜、緬甸蓤背龜、閉殼龜屬所有種（食蛇龜除外）、食蛇龜、攝龜屬所有種、斑點池龜、琉球地龜、黑胸葉龜、冠背龜、黃頭廟龜、亞洲山龜、亞洲巨龜、太陽龜、蘇拉維西葉龜、泰國食螺龜、馬來食蝸龜、安南擬水龜、日本石龜、柴棺龜、黑頸烏龜、金龜、三龍骨龜、印度黑龜、緬甸眼斑沼龜、印度眼斑沼龜、六板龜、婆羅洲河龜、小棱背龜屬所有種（瀕臨絕種物種除外）、北印度棱背龜、眼斑龜、四眼龜、粗頸龜、菲律賓粗頸龜、蔗林龜、大頭龜科所有種、馬達加斯加大頭側頸龜、亞馬遜大頭側頸龜、南美側頸龜屬所有種（黃頭側頸龜 *Podocnemis unifilis* 除外）、陸龜科所有種（瀕臨絕種物種除外）、射紋陸龜、安哥洛卡陸龜、加拉巴哥象龜、緬甸星龜、黃緣沙龜、幾何陸龜、蛛網陸龜、平背陸龜、埃及陸龜、亞洲鱉、黑棘鱉、小頭鱉屬所有種（瀕臨絕種物種除外）、紋背小頭鱉、緬甸小頭鱉、馬來鱉、斯里蘭卡緣板鱉、印度緣板鱉、緬甸緣板鱉、緬甸孔雀鱉、印度鱉、孔雀鱉、萊氏鱉、黑鱉、山瑞鱉、巨鱉屬所有種、砂鱉、東北鱉、小鱉、斑鱉

大類	物種
陸域（含淡水域）兩棲類	紅腿異箭毒蛙、哈氏異箭毒蛙、麥氏異箭毒蛙、席拉異箭毒蛙、紅背異箭毒蛙、睫眉蟾蜍、衣索匹亞蟾蜍屬所有種、澤氏斑蟾、金色蟾蜍、非洲胎生蟾蜍屬所有種、寧巴山胎生蟾蜍屬所有種、巴西果箭毒蛙屬所有種、彩腹箭毒蛙屬所有種、紅寶石箭毒蛙屬所有種、箭毒蛙屬所有種、幽靈箭毒蛙屬所有種、斑點箭毒蛙屬所有種、天藍箭毒蛙、侏儒箭毒蛙屬所有種、食卵箭毒蛙屬所有種、葉箭毒蛙屬所有種、拇指箭毒蛙屬所有種、曼蛙屬所有種、的的喀喀湖蛙、安東吉利紅蛙、豎琴蛙、臺北赤蛙、金線蛙、諸羅樹蛙、橙腹樹蛙、翡翠樹蛙、臺北樹蛙、大鯢屬所有種、阿里山山椒魚、臺灣山椒魚、觀霧山椒魚、南湖山椒魚、楚南氏山椒魚、帝王蠑螈
陸域（含淡水域）魚類	臺東間爬岩鰍、南臺中華爬岩鰍、埔里中華爬岩鰍、貴玉屆魚、臺灣梅氏鯿（臺灣細鯿）、大鱗梅氏鯿、臺灣副細鯽（臺灣白魚）、穗鬚原鯉、巴氏銀鮈、飯島氏銀鮈、龍魚、櫻花鉤吻鮭、臺灣鮰、湄公河大鯰
陸域（含淡水域）昆蟲類	妖艷吉丁蟲、霧社血斑天牛、碎斑硬象鼻蟲、白點球背象鼻蟲、斷紋球背象鼻蟲、大圓斑球背象鼻蟲、條紋球背象鼻蟲、小圓斑球背象鼻蟲、虹彩叩頭蟲（彩虹叩頭蟲）、黃胸黑翅螢、鹿野氏黑脈螢、臺灣大鍬形蟲、長角大鍬形蟲、臺灣長臂金龜、臺灣爺蟬、大紫蛺蝶、寬尾鳳蝶、曙鳳蝶、雅麗珊卓女王鳥翼蝶（女王亞歷山大巨鳳蝶）、呂宋鳳蝶、荷馬鳳蝶（荷西鳳蝶）、黃裳鳳蝶、珠光鳳蝶、無霸勾蜓、蘭嶼大葉螽蟴、津田氏大頭竹節蟲
陸域（含淡水域）其他種類的動物	椰子蟹（八卦蟹）、烏翼眞珠蚌、單峰駱駝眞珠蚌、短眞珠蚌、黃花眞珠蚌、辛布森氏眞珠蚌、白貓爪眞珠蚌、綠花眞珠蚌、瘤花眞珠蚌、大花眞珠蚌、棕花眞珠蚌、細線豬趾眞珠蚌、閃爍豬趾眞珠蚌、何金氏眞珠蚌、粉紅眞珠蚌、素袖珍眞珠蚌、阿拉巴馬眞珠蚌、白疙瘩眞珠蚌、橘足疙瘩眞珠蚌、粗豬趾眞珠蚌、肥袖珍眞珠蚌、康布蘭德猴面眞珠蚌、阿帕拉契山猴面眞珠蚌、侏儒眞珠蚌、尼克林氏眞珠蚌、墨西哥眞珠蚌、康布蘭德豆眞珠蚌、小瑪瑙螺屬所有種

海洋委員會於 2019 年公告海洋保育類野生動物名錄後，於 2020 年修正公告增列修法前已飼養的海洋魚類，包含鯨鯊（豆腐鯊）、雙吻前口蝠鱝、阿氏前口蝠鱝等 3 種爲海洋保育類野生動物。

海洋委員會依據動物種類將名錄分爲：海洋哺乳類、海洋鳥類、海洋爬蟲類、海洋魚類及其他種類的動物等五大類。2020 年修正公告的海洋保育類野生動物名錄內容如表 8-7 所示：

表 8-7　海洋保育類野生動物名錄內容

大類	物種
海洋哺乳類	海獺屬所有種、南方海獅屬所有種、象鼻海豹、僧侶海豹屬所有種、鯨目所有種（北極鯨、小鬚鯨、南極小鬚鯨、鰮鯨、鯷鯨、藍鯨、大村鯨、長須鯨、大翅鯨、伊河海豚、矮鰭海豚、南美長吻海豚屬、中華白海豚、印太瓶鼻海豚、瓶鼻海豚、灰鯨、白鱀豚、小露脊鯨、江豚、加灣鼠海豚、抹香鯨、恒河豚屬、巨瓶鼻鯨屬、瓶鼻鯨屬）、印度太平洋儒艮、亞馬遜海牛、北美海牛、非洲海牛
海洋鳥類	玄燕鷗、遺鷗、白眉燕鷗、黑嘴鷗、紅燕鷗、蒼燕鷗、小燕鷗、鳳頭燕鷗、黑嘴端鳳頭燕鷗、白腹軍艦鳥、粉嘴鰹鳥、卷羽鵜鶘、短尾信天翁、黑腳信天翁、斑嘴環企鵝、洪氏環企鵝
海洋爬蟲類	海鬣蜥、赤蠵龜、綠蠵龜、玳瑁、欖蠵龜、肯氏龜、平背龜、革龜
海洋魚類	雙吻前口蝠鱝、阿氏前口蝠鱝、鯨鯊、鈍鋸鰩、昆士蘭鋸鰩、小齒鋸鰩、櫛齒鋸鰩、鋸鰩、後鰭鋸鰩、短吻鱘、斑點鱘、曲紋唇魚、隆頭鸚哥魚、加州犬形黃花魚、腔棘魚屬所有種
其他種類	柴山多杯孔珊瑚、福爾摩沙僞絲珊瑚

8-4　自然紀念物——珍貴稀有植物

由於政府尚未訂定植物保育法規，因此臺灣僅有珍貴稀有植物的稱呼，目前並無政府明文規定的保育類植物。2019 年農業委員會依據文化資產保存法修正公告的珍貴稀有植物有下列 4 種：

1. 臺灣穗花杉：爲紅豆杉科常綠小喬木或灌木，高可達 10 公尺，米徑 30 公分。葉呈鐮刀狀，長 5～7 公分，對生，表面深綠色且具光澤，背面具二道明顯氣孔帶，葉緣反捲。花雌雄異株，雄花多數，集成柔荑狀花序頂生，雌花單一腋生，種實核果狀，包有紅黃色頂端開口的假種皮。位於大武山海拔 1,200～1,300 公尺。
2. 南湖柳葉菜：爲柳葉菜科多年生草本植物，爲臺灣少數的冰河孑遺植物。肉質葉叢生，橢圓形或卵形。花朵特大，頂生，紛紅色或紫紅色，花萼深四裂，花深四裂，花瓣四枚，花筒細長。位於南湖大山海拔 3,400 公尺以上的岩屑地。
3. 臺灣水青岡：又名早田山毛櫸，爲殼斗科落葉喬木，樹皮平滑。葉橢圓形，兩面平滑，側脈 7～10 對，表面凹下，背面凸起。雄花爲具有細長柄的頭狀花序，雌花經常 2 朵聚生，爲多數苞片所組成總苞所包圍。果實卵形。位於插天山和南澳三星山，海拔 1,300～2,300 公尺。
4. 清水圓柏：爲柏科匍匐灌木，高 2 公尺。針狀葉，先端尖，表面凹，下面有稜，肉質毬果。位於花蓮清水山海拔 2,200 公尺的岩石地。

第九章　生態友善機制圖資

農業委員會林務局國有林治理工程生態友善機制手冊（2019）規範生態友善機制除了需要準備相關檢核表外，於工程提報階段、規劃設計階段也需要繪製相關圖資輔助說明各階段的生態友善作爲。相關生態友善機制的各類圖資如表 9-1 所示。

表 9-1　生態友善機制各類圖資說明

工程階段	提報	規劃設計→施工	
對應生態友善作為	生態友善原則	生態友善對策	生態友善措施
圖資名稱	工程生態情報圖	生態關注區域圖	生態友善措施平面圖
目的	了解工程點位是否位於法定生態保護區及重要生態敏感區，協助生態友善機制分級判斷	確認治理工程潛在影響範圍以及生態保全對象	讓監造單位與施工廠商透過工程設計圖說迅速掌握各項生態友善措施與生態保全對象位置
說明	套疊相關生態圖資判斷工程區位是否位在生態敏感區內，以及取得鄰近的生態情報	工區周圍棲地的重要性與敏感性判釋	將生態友善措施標註於工程設計平面圖
功能	輔助判斷各工程的分級以及掌握工區周圍生態資訊	呈現工程周圍不同敏感等級區位，以利工程設計運用迴避、縮小、減輕及補償順序研擬生態友善對策	幫助工程人員了解友善措施內容與配置，據以施作
附註	所有工程皆須繪製此圖資	僅屬第 1 類生態友善機制的工程須繪製	屬第 1 類與第 2 類生態友善機制的工程皆須繪製

9-1 工程生態情報圖

於提報工程階段，套疊法定生態保護區與重要生態敏感區圖資，以判斷工程點位是否坐落其內，並套疊淺山保育圖資或蒐集相關環境生態資訊，摘要說明治理區域相關的生態情報資訊，輔助確認治理區域的環境敏感特性。

一、目的

了解工程點位是否位於法定生態保護區及重要生態敏感區，協助生態友善機制分級判斷。若工程位於法定保護區，須依法辦理相關程序。

二、圖層套疊分析

工程主辦機關可利用 FGIS 或其他地理資訊影像軟體進行圖資套疊，檢視工程點位坐落林班地、保安林及水庫集水區資訊，判斷是否位於法定生態保護區（如野生動物重要棲息環境、自然保留區、自然保護區、野生動物保護區、國家公園、國家自然公園、一級海岸保護區等）、其他重要生態敏感區（如水庫蓄水範圍、重要野鳥棲地、國家重要溼地）。圖 9-1 爲工程點位套繪相關圖資檢核確認是否坐落敏感區範例，以輔助生態友善機制分級判別。

另可套疊淺山保育圖資了解工程周圍環境的生態調查研究資料、社區、生態保育團體等合作夥伴、生態議題或關注物種，蒐集相關生態資訊，繪製工程生態情報圖，如圖 9-2，可掌握工區周邊生態資訊，或作爲提供對外說明基礎資料。圖 9-2 即爲生態情報圖範例，上列及左列資訊，則爲彙整工區範圍生態情資。

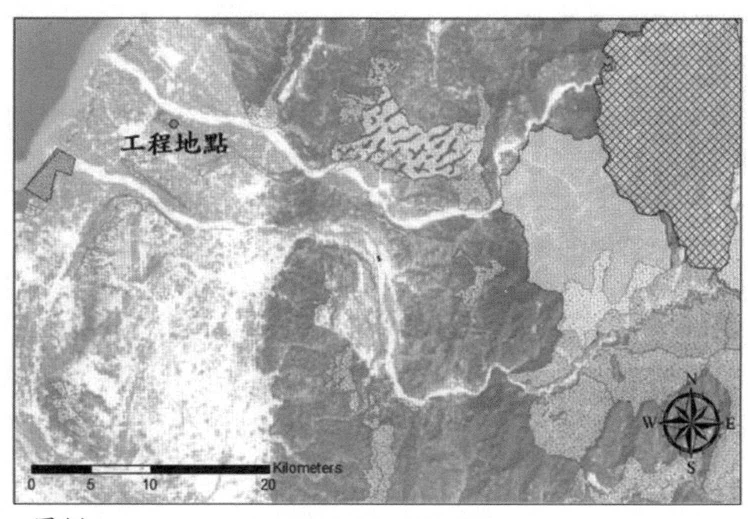

圖例

- 雪霸自然保護區
- 太魯閣國家公園
- 雪霸國家公園
- 保安林地
- 七家灣溪溼地
- 東勢人工溼地
- 高美溼地
- 台中市武陵櫻花鉤吻鮭重要棲息環境
- 台中市高美溼地野生動物重要棲息環境
- IBA

套疊圖層		涉及
保安林		是
水庫集水區		否
重要生態敏感區	野生動物重要棲地環境	否
	自然保留區	否
	自然保護區	否
	國家公園	否
	重要溼地	否
	重要野鳥棲地（IBA）	否

* 木工區非屬野生動物重要棲地環境及相關保護保留區內。

圖 9-1　工程範圍套繪圖層檢核範例（國有林治理工程生態友善機制手冊，林務局，2019）

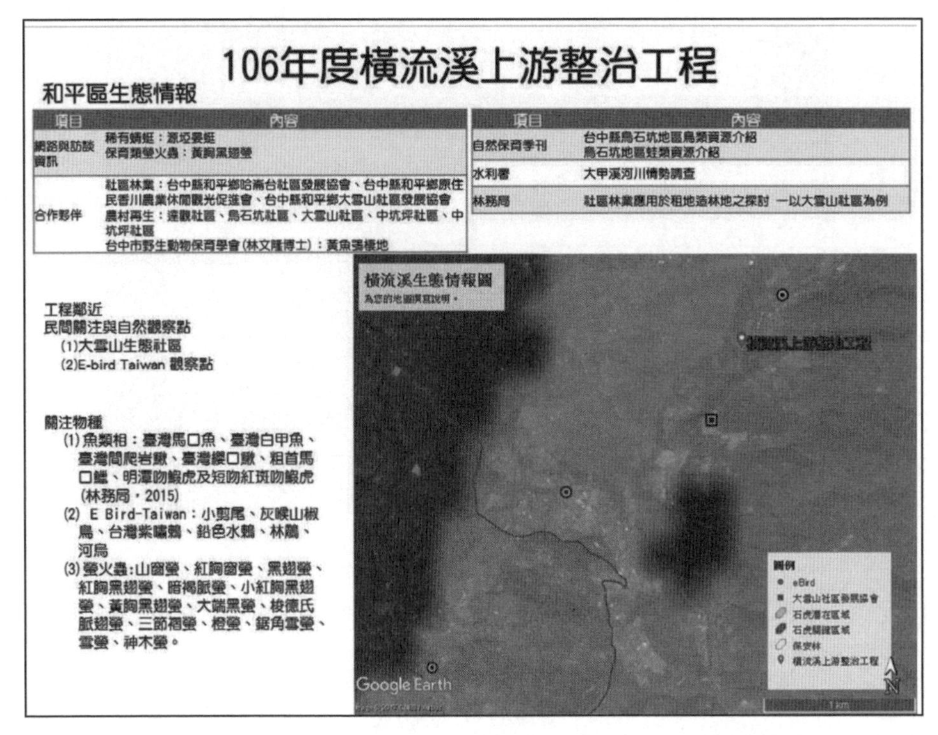

圖 9-2 工程生態情報圖參考範例（國有林治理工程生態友善機制手冊，林務局，2019）

9-2 生態關注區域圖

生態關注區域係指生態資源豐富或具有生態議題的地理區域，包含法定保護區與文獻及現地調查蒐集的重要生態資訊，以圖面呈現高生態價值、應予以保全的環境區位，作爲核定、規劃與設計等階段的參考。

屬於國有林第 1 類生態友善機制的治理工程，在工程設計階段，套疊設計圖、航照圖或空拍圖，配合生態調查研究文獻資料、民眾提供資訊等，以製作生態關注區域圖。同時以紅、黃、綠三種顏色分級其生態敏感程度，並標示生態保全對象，幫助工程單位掌握工區附近生態特性，據以提出具體的生態友善對策與相關建議，以及針對生態保全對象調整施作範圍與友善措施，降低工程對生態的影響。

一、目的

用於確認治理工程潛在影響範圍（如開挖擾動與地形地貌改變範圍）以及生態保全對象，並據此提出具體的生態友善對策與相關建議，與工程單位討論，針對生態保全對象與敏感等級調整施作範圍與工法，降低工程對環境的影響。

二、尺度／範圍

繪製範圍與比例尺應優先配合工程設計圖，得視情況依工程量體、預計施作區域延伸周圍 50～100 公尺設爲範圍，原則上以準確呈現工區周圍環境狀況爲目標。繪製範圍除了工程本體所在的地點，亦須考量可能受連帶干擾的區域，如濱溪植被緩衝區、施工便道鋪設範圍等。若河溪附近有道路通過，亦可視道路爲生態關注區域的劃設邊界。

三、圖層套疊分析

所需圖資來源可爲影像判釋、現地調查及訪談資料數化等方式取得。生態關注區域圖所需圖資如下：

（一）工程點位圖、設計圖

（二）近 5 年高解析度的遙測影像、正射影像圖或 1/5000 航照圖

以影像圖爲底圖，配合現地調繪，繪製工程周遭的棲地環境。主要繪製的地景單元包括：天然河溪地形（湍瀨、深潭、緩流、淺水等）、已有壩體的河段、護岸、溼地、裸露礫石河床、草生地河床、碎石崩塌地、岩盤、自然森林、竹林、竹林闊葉林混合林、農墾地、道路、人爲建物等如圖 9-3 所示。各地景單元的棲地重要性以生態敏感等級，可區分爲高度敏感區、中度敏感區、低度敏感區及人爲干擾區：

1. 高度敏感區

屬未受人爲干擾的原生環境、不可取代或不可回復的資源，或生態功能與生物多樣性高的自然環境，如自然森林、生態較豐富的棲地（如溼地）、關注物種活動範圍或棲地、天然河溪地形、岩盤等未受人爲干擾或破壞的地區。

2. 中度敏感區

曾受到部分擾動、但仍具有生態價值的棲地，可能爲某些物種適生環境或生物廊道。

3. 低度敏感區

人爲干擾程度大的環境，仍保有部分生態功能，如大面積竹林、農墾地。

4. 人爲干擾區

環境已受人爲變更的地區，如道路、人爲構造物等。

陸域以及水域的敏感度依等級高低區分爲不同的顏色，可參考表 9-2。

（三）生態保全對象

1. 現勘、生態調查資料

經由現勘與蒐集生態調查資料，可將以下兩類設爲生態保全對象：一爲關注物種及其棲地，如保育類動物或稀有及瀕危植物出現地。二爲生態系功能良好區域，如水域動物多樣性高的棲地、老樹、大樹等。

2. 在地知識或生態保育團體關注課題

可以透過訪談長期關心、了解當地環境的在地人士或生態保育團體，了解當地有生態文史價值的地景或生物等，以圖示的方式標示在生態關注區域圖上。

藉由上述圖層套疊分析與資源整合，產出工程鄰近地區的生態關注區域圖如圖 9-4 所示。

（四）應用

生態關注區域圖主要做爲工程迴避、縮小、減輕及補償的依據。上游保育治理工程常於溪流或山坡地施作，而此環境卻可能是上游生態資源最豐富的地區。以溪流爲例，若爲天然地形環境，且保持多樣的地形，如深潭、淺瀨、急流等，濱溪植被帶或自然森林相完整，爲高度敏感的環境，應仔細考量工程對於當地整體生態的影響，儘量迴避此區域。

針對崩塌地治理工程，則須注意當地植被是否已逐漸恢復，部分崩塌地在一、二年內，已有先驅草本及喬灌木演替生長，代表此區已逐漸穩定，應重新評估是否仍需要人爲構造介入。若有必要進行工程施作時，應盡可能將喬灌木小苗保留（現地或移地種植），作爲當地最佳的植生材料。且周遭若有近自然森林，則劃爲高度生態敏感區，應保全其完整性，作爲未來崩塌地自然下種植生的種源。

表 9-2　生態關注區域圖顏色敏感度判別標準與設計原則

等級	顏色（陸域／水域）	判斷標準	地景生態類型	工程設計施工原則
高度敏感	紅／藍	屬不可取代或不可回復的資源，或生態功能與生物多樣性高的自然環境	如自然森林、生態較豐富的棲地（如溼地）、保育類動物潛在活動範圍、稀有及瀕危植物棲地、天然河溪地形、岩盤等未受人爲干擾或破壞的地區	優先迴避

等級	顏色（陸域／水域）	判斷標準	地景生態類型	工程設計施工原則
中度敏感	黃／淺藍	過去或目前受到部分擾動、但仍具有生態價值的棲地	如竹林闊葉混合林或人爲干擾程度相對較少的區域，可能爲部分物種適生棲地或生物廊道；而近自然森林、先驅林、裸露礫石河床、草生地等，可逐漸演替成較佳的環境	1.迴避或縮小干擾 2.棲地回復
低度敏感	綠／-	人爲干擾程度大的環境	如大面積竹林、農墾地	1.施工擾動限制在此區域 2.進行棲地營造
人爲干擾	灰／淺灰	已受人爲變更的地區	如房屋、道路、已有壩體的河段、護岸等人爲設施	

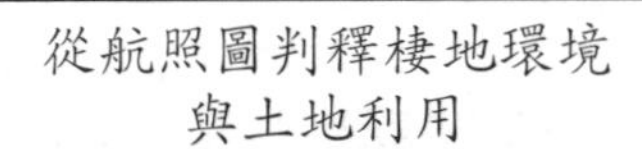 從航照圖判釋棲地環境與土地利用	判釋結果對應敏感分級，根據分級結果上色

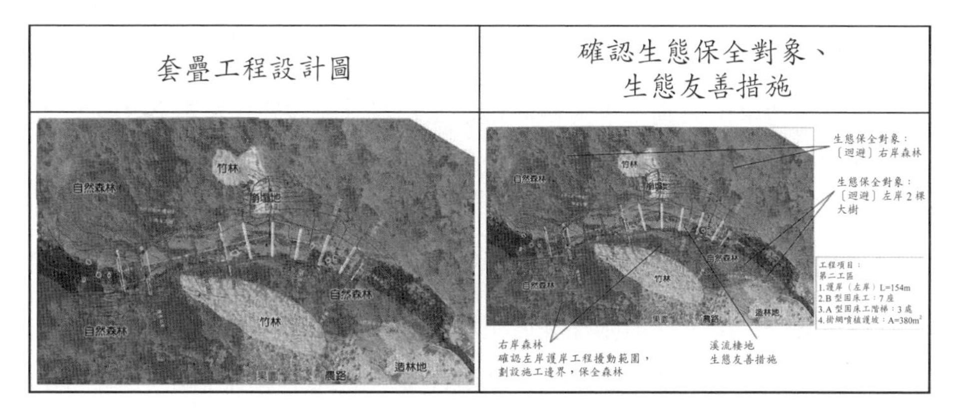

圖 9-3　生態關注區域圖分析過程（國有林治理工程生態友善機制手冊，林務局，2019）

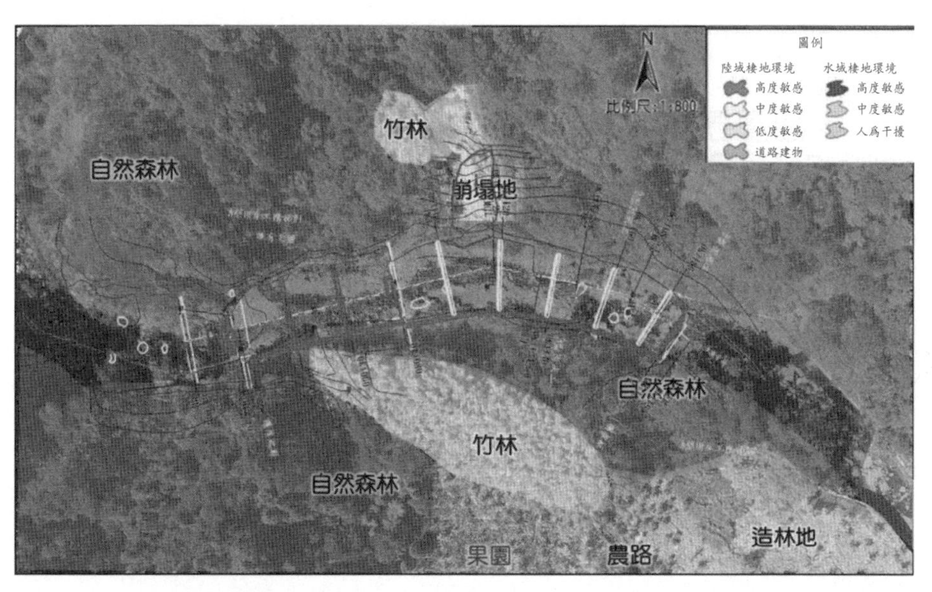

圖 9-4　生態關注區域圖範例（國有林治理工程生態友善機制手冊，林務局，2019）

9-3　生態友善措施平面圖

將治理工程的生態友善措施、生態保全對象等標註於施工範圍的工程平面圖上，繪製完成生態友善措施平面圖。

一、目的

為讓監造單位與施工承攬廠商透過工程設計圖說迅速掌握各項生態友善措施與生態保全對象位置，落實執行生態友善機制。

二、圖資標註繪製

將定案的生態友善措施標註於工程設計平面圖相對應位置，並配合文字說明施工應注意事項，或納入生態關注區域圖或生態情報圖，所繪製的圖說稱為生態友善措施平面圖。應將其納入設計預算書圖內，作為監造單位及施工承攬廠商按圖監造與施作的依據。可參考圖 9-5 與圖 9-6 範例繪製。

三、平面圖標註生態友善內容

1. 生態保全對象：如保護森林／樹木、保留溪床塊石、迴避區域等，應確實標示項目、範圍或位置。
2. 生態友善措施：如生物通道、護岸或壩體低矮化、保留多孔隙的構造、深潭、淺瀨、臨時設施（如沉砂池）等。
3. 施工擾動範圍：於圖面標示施工範圍的邊界。
4. 施工注意事項說明：如施工時間避開生物繁殖或上溯高峰期間、使用既有施工便道、完工後環境復原等。

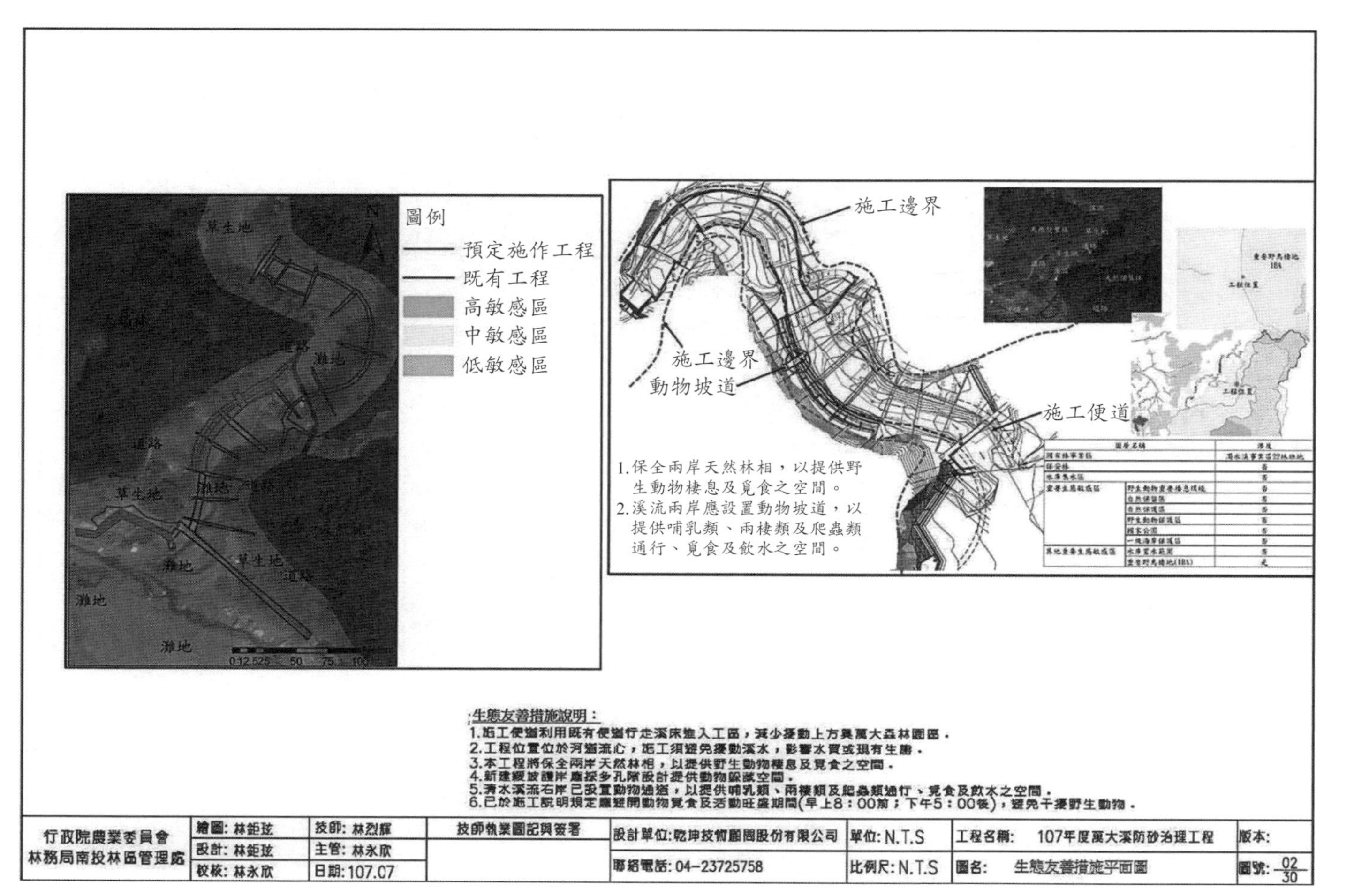

圖 9-5 生態友善措施平面圖範例 1（國有林治理工程生態友善機制手冊，林務局，2019）

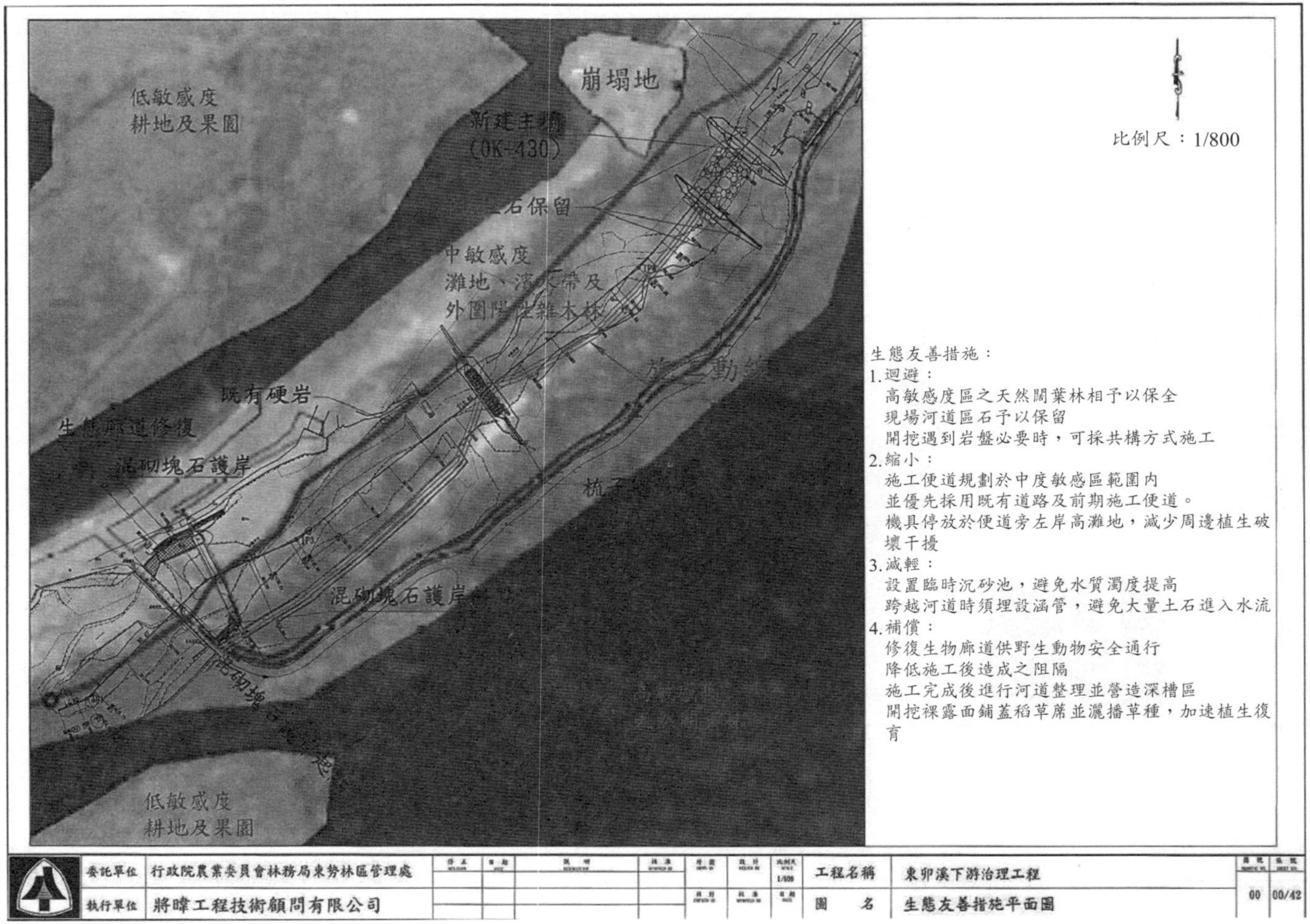

圖9.6 生態友善措施平面圖範例2（國有林治理工程生態友善機制手冊，林務局，2019）

第十章　生態保育策略

綜合水利署（2020）《水庫集水區工程生態檢核執行參考手冊》、水保局（2021）《生態檢核標準作業書》，以及林務局（2019）《國有林治理工程生態友善機制手冊》內容，整理如下。

10-1　生態保育策略

也稱生態友善策略。爲減輕工程對生態環境的影響，應就文獻蒐集與現地調查結果，讓工程執行機關、設計單位、監造單位與施工廠商在工程各階段評估可能造成的生態環境衝擊，同時考量工程特性、位置範圍、水理特性、地形地質條件及安全需求等，提出具體的生態保育措施，依循迴避、縮小、減輕與補償的優先順序擬定減輕生態衝擊的生態友善原則、對策與措施。迴避、縮小、減輕與補償的定義如下：

一、迴避

工程量體與臨時設施物設置，應避開有生態保全對象或生態敏感性的區域。大尺度的應用包括工程停止或暫緩、選用替代方案等；較小尺度的應用則包括工程量體及臨時設施物，如土方暫置區、施工便道、臨時沉砂池等的設置應避開有生態保全對象、珍貴老樹所在位置或生態敏感性的區域；施工過程應避開動物大量遷徙、上溯洄游或繁殖的時間。

二、縮小

修改設計以縮小工程量體與臨時設施物的規模（如開挖範圍、土方暫置區及施工便道最小化等）或影響範圍，降低對工程周圍環境的影響或減少對自然棲地的干擾範圍。

三、減輕

減輕工程對環境與生態系功能的衝擊，儘量維持原本的棲地條件，因地制宜採取減輕衝擊的適當措施（如保護施工範圍內的既有植被及水域環境、限制施工便道、土方堆積、沉砂池等臨時設施／措施範圍等），或採用對環境生態傷害較小的工法或材料（如設置臨時動物通道、減少壩體與河床落差、資材自然化、就地取材等）以減少對工程周圍環境的影響。

四、補償

爲補償工程造成的重要生態損失，以人爲方式重建相似或等同的生態環境，如於施工後以人工營造手段，考量選擇合適當地原生植物以加速植生及自然棲地復育，並視需要考量下列事項：

1. 補償棲地的完整性，避免破碎化。
2. 關聯棲地間可設置生物廊道。
3. 重建的生態環境受環境營力作用下的可維持性。

補償分爲現地或異地進行減輕傷害的措施。現地補償是利用工程方法或管理措施以限制傷害的持續擴大；異地補償則是在鄰近區域創造或重建與受工程衝擊敏感區相同性質的棲地。若鄰近環境不適合做爲同性質的棲地時，則考量利用不同性質的棲地來增加整體的生態效益。

10-2 生態友善措施

水保局（2022）《保育治理工程生態友善措施案例彙編》以保育治理工程常見的護岸與橫向構造物爲主題，藉由個案實際面臨的生態課題與環境條件，提供生態優先考量的選項。

1. 自然棲地保存：自然棲地定義爲鮮少人爲干擾的自然地景，如森林、天然溪流等。
2. 保留及復育濱溪植被：濱溪植被綠帶爲陸域動物遷移、棲息、躲藏的空間。

3. 保留現地大樹：樹徑 10 公分以上的當地原生樹木。
4. 維持溪流棲地特性：維持溪床底質、流速與水深組合、湍瀨頻率、水流狀態、水質等水域棲地品質。
5. 臨水工程水質濁度控制：懸浮固體形成的濁度和混凝土碎屑的鹼性性質會威脅水域動物的生存。
6. 維持陸水域橫向廊道暢通：連續的混凝土護岸影響濱溪植被及棲地恢復，護岸高度及坡度增加陸域動物親近溪流的難度。
7. 保留上下游水域縱向廊道通透性：橫向構造物造成的落差成為水域動物上下游移動的障礙。
8. 避免野生動物受困集排水設施：排水設施需要設置動物通道。
9. 避免外來植物隨工程進入山林與適生植物選擇：選擇合適的原生種植物，加強植生作業，避免地表裸露，讓外來種植物有侵入機會。
10. 考量當地居民關注的人文及自然課題：考量當地居民關注的地景或生物族群。
11. 減輕工程對關注物種的影響：加強文獻蒐集與學術民間團體的參與，在工程核定期間即能納入關注物種的保育策略，避免施工期間辦理變更，影響工程進度。

對照生態保育措施和生態友善對策內容，可以如表 10-1 所示：

表 10-1 生態保育措施和生態友善對策內容對照

生態保育措施	生態友善對策
迴避	自然棲地保存
	保留及復育濱溪植被
	保留現地大樹
減輕	維持溪流棲地特性
	臨水工程水質濁度控制
	維持陸水域橫向廊道暢通

生態保育措施	生態友善對策
	保留上下游水域縱向廊道通透性
	避免外來植物隨工程進入山林與適生植物選擇
	避免野生動物受困集排水設施
迴避、縮小、減輕、補償	考量當地居民關注的人文及自然課題
	減輕工程對關注物種的影響

由表 10-1 知水土保持局的護岸與橫向構造物治理工程的生態保育措施著重在迴避和減輕項目，對於生態保育有其正面意義。雖然如此，水域棲地品質的具體保育措施還有提升空間，建議可以比照棲地評價系統和棲地評價程序的精神，補充量化的補償措施，以達到兼顧工程與生態的目標。

10-3 工程生態友善案例

爲了了解生態保育策略的具體作法，將目前蒐集的工程生態友善案例如表 10-2。由表 10-2 知，生態友善對策主要集中於自然棲地保存、上下游水域縱向廊道、陸水域橫向廊道的保育，以及臨水工程水質濁度控制，其他友善措施集中在加強植生復育。少數有縮小的工程減量作爲。

表 10-2 工程生態友善案例

案例	自然棲地保存	上下游水域縱向廊道	陸水域橫向廊道	其他友善措施
桃園龍潭打鐵坑溪治理二期工程	保留右岸低海拔山區原生林、溪床中的塊石	連續式乾砌石約 40 公分落差固床工	1 處覆土式生物通道，與 2 處混凝土粗糙表面的動物坡道	1. 崩塌地坡腳種植原生喬木 2. 預鑄植生槽栽原生灌木與草本 3. 施工期間維持常流水，控制水質

案例	自然棲地保存	上下游水域縱向廊道	陸水域橫向廊道	其他友善措施
頭屋枋寮野溪整治工程	保留左岸森林與濱溪植被、石壁與潭區，維持溪床原有樣貌	約40公分落差固床工		1.取消右岸上坡面水泥施作，改以土壤夯實；下坡面採格框水泥不封底 2.半半施工方式，維持常流水，控制溪水濁度
獅潭鄉大東勢溪大東勢尾野溪整治工程	迴避森林樹木，保留現地巨石與塊石群	以魚道與崁石階梯式固床工改善落差	1.右岸預鑄混凝土塊護岸與1：0.5混凝土砌石護岸、左岸1：1格框護岸 2.設置砌石階梯和過水路面	1.限制挖填寬度不超過1.5公尺 2.半半施工方式排、導水
四角林野溪整治工程／東興里崩塌地土砂災害防治工程		經評估明潭吻鰕虎、臺灣鬚鱲等物種的上溯能力後，增加水池型魚道	右岸爲人造林與遊憩觀光動線，選用相對友善的護岸形式，包括木格框、蜂巢格網、預鑄植生槽、砌石等	左岸爲生態高度敏感的關注區域，在少量攻擊面興建半重力式護岸，其餘非攻擊面則開挖臨水側構築水線下基礎、其上覆土
新社中和里6-7鄰抽藤坑溪整治工程	1.保留右岸森林，部分保留竹林 2.保留溪床巨石及部分塊石，	1.改善高壩落差 2.新建低於50公分落差固床工	右岸2座生物通道	1.限制右岸施工範圍3至5公尺 2.半施工方式排、導水，控制溪水濁度

案例	自然棲地保存	上下游水域縱向廊道	陸水域橫向廊道	其他友善措施
	維持溪床原有樣貌			
粗坑吊橋上游野溪整治二期工程	1.保留右岸部分已逐漸演替成次生林的廢棄果園 2.保留溪床巨石及部分塊石		1.左岸3座、右岸2座生物通道 2.川中島左、右側各設計1座生物通道連結兩岸	1.使用既有道路與前期工程便道 2.半半施工方式排、導水，控制溪水濁度
和雅橋上下游固床工改善工程二期	1.不削減林木，沿途樹木包覆稻草蓆 2.保留固床工下方深潭、溪床既有的巨石和大石群	降低既有工程構造物落差	設置7處水泥及3處竹製動物坡道	1.多點施作施工便道 2.半半施工方式排、導水，控制溪水濁度
頓阿巴娜野溪整治五期工程及其上游系列工程	1.保留兩岸自然林地 2.保留巨石、大石，溪床原有樣貌	連續低落差砌石固床工群取代高壩	混凝土砌塊石不滿漿	砌石護岸回填、植栽290棵加速濱溪帶綠覆
甲河上游二期右護岸及支流口工程	避開無明顯災害的溪溝，保留近自然無落差的匯流口		1：1.5砌塊石緩坡生物通道	縮小工程範圍，取消支流口過水橋工程
福德坑溪上游野溪災害防治二期工程	保留左岸低海拔原生林	低落差斜坡式舖石工與低水流路	混凝土砌塊石1：2的緩坡護岸，出水高接續植生護坡	

案例	自然棲地保存	上下游水域縱向廊道	陸水域橫向廊道	其他友善措施
阿夜溪五號壩上下游改善工程	迴避右岸自然森林。保留凸岸部分自然緩坡與濱溪植被	1. 改善既有落差，提供細斑吻鰕虎魚道 2. 固床工與溪床無落差		
羊橋溪／碇橋溪等鄰近野溪加強維護管理工程	碇橋溪—迴避左岸既有大樹	1. 橫向構造物落差改善（都蘭溪、碇橋溪、羊橋溪、鉛橋溪） 2. 碇橋溪開設低水流路、設置塊石護坦		
喜龍橋及本生橋下游野溪治理工程	保留匯流口的溪畔森林			取消護岸施作
龍蛟溪野溪整治五期工程	保留兩岸次生林帶	開口式砌石防砂壩	砌石護岸	取消 1 座橫向構造物
大溪溪鐵路橋上游治理工程				護岸坡面鋪設稻草蓆，並撒播當地適生草種

第十一章　生態河溪工程

11-1　工程對生態環境的影響

早期河溪整治工程較不重視環境品質維護，甚至是生態環境方面的維護，80 年代以後因爲民眾開始重視環境保護，政府於 1994 年公布環境影響評估法，開始要求許多公共工程自安全衛生業務擴展至安全衛生與環境保護，工程查核項目也列入環境保護項目。2017 年 4 月行政院公共工程委員會要求公共工程計畫各中央目的事業主管機關將「公共工程生態檢核機制」納入計畫應辦事項，工程主辦機關辦理新建工程時，續依該機制辦理檢核作業。

雖然各機關都有辦理生態檢核作業的經驗，但是各機關轄管區域的生態環境會因爲集水區大小、工程規模和種類、區位水文、地文條件（含高度、地質、坡度、降雨量、水位、流量等）、關鍵物種、水陸域生態物種種類、密集度、數量、分岐度，以及土地利用不同而應該有不同的檢核標準。目前，水利署有《水庫集水區工程生態檢核執行手冊》、水保局有《生態檢核標準作業書》、林務局則有《國有林治理工程生態友善機制手冊》，據以執行生態檢核作業。

從環境影響評估流程而言，爲預防及減輕開發行爲對環境造成不良影響，環境影響評估作業需要製作環境影響說明書或環境影響評估報告書，而這兩類書件都必須記載開發行爲可能影響範圍的各種相關計畫及環境現況，與預測開發行爲可能引起的環境影響，並提出環境保護對策、替代方案。於環境影響預測、分析及評定方面，就需要監測作業蒐集相關環境因子數據，作爲分析和評定的資料庫。環境影響評估程序裡各項監測項目包含空氣、生物、文化、噪音、地表水、土壤與地下水、社會經濟等，而生態檢核係生物監測的其中一項。

雖然公共工程內容不一定是開發行爲，只要是爲了預防及減輕工程行爲對環境造成不良影響時，都可以比照辦理，唯一不同的是，不需要經過環境保護主管機關的核定程序；而是工程主辦機關自發性的環境保護態度。

雖然水利署、水保局、林務局和其他工程執行機關都已經製作生態檢核相關參考手冊或作業、注意事項等，也開始執行多年，然而，共同的問題爲沒有完整、嚴謹的環境現況描述，尤其是生態環境現況描述，僅能依據生態專業人員或田野調查工作者多年的豐富經驗，篩選出關注物種、重要棲地和生態敏感區等。同樣地，儘管有迴避、縮小、減輕和補償選項，在沒有預測工程行爲可能引起的環境影響前，這些環境保護措施能夠減輕環境衝擊的效益爲何還是不得而知。

11-2 棲地單元的生態價值

以溪流水域爲中心，由中心向兩側可以將棲地單元區分爲溪流水域、濱溪帶、河灘地和陸域植被等 4 區，各單元的生態價值簡要說明如下：

（一）溪流水域

可以細分湍賴、緩流、深潭和多樣性基質等 4 個次單元。

1. 湍瀨：溶氧量高，爲底棲生物活動棲息環境。
2. 緩流：魚類產卵區、魚苗、仔魚、稚魚棲息區。
3. 深潭：水域生物（如鯉科魚類）棲息環境，並爲枯水期水域生物避難所。
4. 多樣性基質：複雜而多孔隙的底質是各類生物賴以生存的棲地。

（二）濱溪帶

水陸域廊道，爲半水棲生物重要棲地。良好植生可增加溪流環境穩定度，調節水溫、穩固堤岸，於環境快速變遷時可提供生物庇護。

（三）河灘地

水陸域交會過渡帶，具養分交換與傳輸功能。

（四）陸域植被

又可細分開闊地、濱溪草地灌叢、低地闊葉林、高地針闊葉林、崩塌裸露地等 5 個次單元。

1. 開闊地：干擾地演替初期。
2. 濱溪草地灌叢：水陸域廊道，爲半水棲生物重要棲地。良好植生可增加溪流環境穩定度，調節水溫、穩固堤岸，於環境快速變遷時可提供生物庇護。
3. 低地闊葉林：高度生態服務價値，森林性生物棲地。
4. 高地針闊葉林：具有不可替代的生態系功能，保存高度生物多樣性。
5. 崩塌裸露地：生態功能性低，陽性樹種的棲地。

棲地單元的生態價値如表 11-1 所示。

表 11-1 棲地單元的生態價値

棲地單元		生態價値
溪流水域	湍瀨	溶氧量高，爲底棲生物活動棲息環境
	岸邊緩流	魚類產卵區、魚苗、仔魚、稚魚棲息區
	深潭	水域生物（如鯉科魚類）棲息環境，並爲枯水期水域生物避難所
	多樣性基質	複雜而多孔隙的底質是各類生物賴以生存的棲地
濱溪帶		水陸域廊道，爲半水棲生物重要棲地。良好植生可增加溪流環境穩定度，調節水溫、穩固堤岸，於環境快速變遷時可提供生物庇護
河灘地		水陸域交會過渡帶，具養分交換與傳輸功能
陸域植被	開闊地	干擾地演替初期
	濱溪草地灌叢	穩固土砂，於環境快速變遷時可提供生物庇護
	低地闊葉林	高度生態服務價値，森林性生物棲地

棲地單元		生態價值
	高地針闊葉林	具有不可替代的生態系功能，保存高度生物多樣性
	崩塌裸露地	生態功能性低，陽性樹種的棲地

11-3 河溪整治工程對棲地的影響

一、河溪整治工程對環境的影響

在沒有考慮環境保護和生態保育的情形下，河溪整治工程對水域環境的影響可以分環境影響與水文、泥砂影響。

（一）河溪整治工程對環境的影響有下列 7 點

1. 防砂壩阻斷砂石補給、阻隔縱向水域生態廊道。
2. 工程用地占用河攤地。
3. 破壞或縮小包括水域動物的棲息、覓食、繁衍和避難等棲地。
4. 破壞棲地動態平衡狀態。
5. 破壞水域動物包括孵化、幼年、成年和老年等期別的全生命週期任一階段所需要的棲地環境。
6. 工程驗收觀念導致環境單調化、整治溝渠化。
7. 施工期間急遽改變地形和水質，影響生物棲息。

（二）河溪整治工程對於水域環境的水文、泥砂有下列 9 點影響

1. 水文

因應河溪整治的需要，原有河溪的流量和流速都會有明顯的改變。

(1) 流速：流速變慢對於魚類卵床、稚魚生活區、食藻類覓食區等水域生態棲地有某種程度的好處；流速變快則會增加水中溶氧量、沖刷，爲部分鯉科魚類活動區域。

(2) 流量：如果整治工程有攔水引水功能時，則攔水後的流量需要滿足枯水期的生態基流量和生態水深。

2. 泥砂

(1) 河溪挾砂力會隨著流速或流量改變而改變，導致河溪輸砂量和河床沖刷、淤積機制隨著產生變化。河床泥砂沖刷和淤積機制的改變可能破壞原有棲地，也可能會創造新的棲地。

(2) 河床封底或鋪設大塊石會導致挾砂力保留到封底或大塊石下游端造成更嚴重的沖刷現象，水域生態與濱溪生態環境也可能會遭到嚴重破壞。

(3) 施工期間因為河床開挖增加懸浮泥砂濃度，嚴重阻礙水域動物的呼吸作用。

3. 水溫

河溪水深變淺或是施工後河岸植生尚未回復到原先的遮蔭面積時，河溪水溫上昇以及溶氧量降低會威脅水域生態的生存。

二、河溪整治工程對棲地的影響

河溪整治工程對棲地的影響有地表擾動、河湖擾動、噪音、土壤污染、水污染和空氣污染等，相關影響關聯如表 11-2 所示。

表 11-2　河溪整治工程施工對棲地影響關聯表

		陸域棲息地變更				水域棲息地變更				干擾
		毀壞	改變	遷移	傷亡	毀壞	改變	遷移	傷亡	
地表擾動	改變地形、逕流量、流路／清除植被／土壤沖蝕	X	X	X						
河湖擾動	改變集水分區、河床型態、流量、流速、水深、水質	X	X			X	X	X	X	

		陸域棲息地變更				水域棲息地變更				干擾
		毀壞	改變	遷移	傷亡	毀壞	改變	遷移	傷亡	
噪音	施工作業／交通運輸／人爲活動	X	X							X
土壤污染	油料洩漏／廢棄物棄置	X	X		X					
水污染	點源或非點源污染物懸浮、沉積					X	X		X	
空氣污染	粉塵／有毒氣體／酸雨		X		X		X			X

三、野溪治理工程對河溪棲地品質的影響

林務局（2019）《國有林治理工程生態友善機制手冊》附件二的「野溪治理工程生態追蹤評估指標」對於野溪治理工程容易干擾的生態功能和面向有詳盡的說明，摘錄部分內容如下：

（一）溪床自然基質多樣性

1. 施工過程因爲就地取材或增加通洪斷面，打碎大石、巨石和移除塊石。
2. 簡化施工作業或爲了順利完工驗收，整平河道導致渠道化或平淺化。
3. 溪床全面鋪設混凝土或平鋪大塊石，徹底破壞溪床棲地基質。

（二）河床底質包埋度

1. 施工過程的河床開挖作業導致水質濁度增加與泥砂大量沉積包覆河床礫石、卵石或巨石。
2. 簡化施工作業或爲了順利完工驗收，整平河道導致沒有湍瀨棲地。
3. 溪床全面鋪設混凝土導致沒有生物利用的縫隙。

（三）流速水深組合

1. 溪床環境平緩化、單調化與渠道化的治理工程形成單一種流速水深組合。
2. 為了防止河床嚴重沖刷，經常以固床工或防砂壩等橫向構造物調降河床坡度，也導致湍瀨與深潭可能因為土砂淤埋而消失。
3. 施工過程因為就地取材或增加通洪斷面，打碎可以形成深潭的大石、巨石和移除可以形成湍瀨的塊石。
4. 整平後的河道導致水位降低，形成淺流，甚至伏流或斷流現象。
5. 溪床全面鋪設混凝土導致單一淺流或深流。

（四）湍瀨出現頻率

1. 為了防止河床嚴重沖刷調降河床坡度，導致湍瀨與深潭可能因為土砂淤埋而消失。
2. 施工過程因為就地取材或增加通洪斷面，打碎可以形成深潭的大石、巨石和移除可以形成湍瀨的塊石。
3. 河道平整化或混凝土化導致湍瀨消失。
4. 工程規劃設計減少河溪瀨潭交錯頻率與延長湍瀨間距離。

（五）河道水流狀態

1. 河道拓寬、溪床整平或橫向構造物上游土石淤積，導致水位降低，形成淺流，甚至伏流或斷流現象。
2. 由於上游截流、分流及引水等人為取水工程，導致流量減少、水位降低。

（六）堤岸的植生保護

1. 移除堤岸濱溪植物帶植生，弱化或阻斷水、陸域橫向連結功能。
2. 施工期間由於建置施工便道與材料、機具堆置場等而移除濱溪植物帶，完工後沒有在裸露地面或混凝土便道恢復植生。

3. 施工作業超出預定施工範圍，影響工區周邊植生。
4. 植被移除後的裸露面會提高強勢外來種植物入侵機會。
5. 民眾利用植被移除後的裸露面從事農墾耕作行為。

（七）河岸植生帶寬度

1. 移除濱溪植物綠帶與堤岸植被，形成地表裸露或混凝土、柏油鋪面，導致動植物棲息地與個體損失，降低棲地與生態功能後續恢復能力。
2. 設置護岸與施工便道，阻隔水陸域間綠帶棲地與生態功能的連續性，縮減棲地核心區域範圍，並影響陸域動物利用溪流的縱橫向廊道。

（八）溪床寬度變化

1. 為取得足夠通洪斷面拓寬河道，導致溪床裸露減少植被區域寬度。
2. 溪床拓寬幅度愈大，對於水域棲地環境、濱溪植被、高灘地植被、溪中沙洲或小島等的移除面積愈大，不易恢復溪流的生態功能。

（九）縱向連結性

1. 固床工與防砂壩的高差限制或阻斷水陸域廊道的縱向連結性。
2. 枯水期缺乏雨水補注或橫向構造物上游的土砂淤積，形成伏流或斷流現象，阻隔水域動物的縱向移動。
3. 縱向連結性的中斷會限制水域動物的分布範圍，與可利用溪段。

（十）橫向連結性

1. 高聳護岸會截斷水陸域間的自然通道，限制陸域動物橫向移動，且壓縮可以利用的溪段與陸地坡岸。
2. 護岸設置可能導致動物受困溪床難以逃脫而遇難。

岸邊緩流是部分魚類的產卵場，幼魚、仔魚的棲地，為了增加通水斷面，拓寬河道剷除岸邊緩流區的結果是繁衍和育雛的棲地消失。

11-4　生態評估

綜合水利署（2020）《水庫集水區工程生態檢核執行參考手冊》、水保局（2021）《生態檢核標準作業書》，以及林務局（2019）《國有林治理工程生態友善機制手冊》內容，生態評估是生態評估人員或生態團隊爲了了解工程地點及其影響區域內的水陸域生態環境，以及生態關注區域，應就工程地點自然環境與治理特性，林務局建議依循核心要項採取合適的生態評估方法，記錄及分析的生態現況，作爲工程選擇方案及辦理後續各階段內容及流程的依據。

水土保持局的生態評估包含生態情報釐清及建議和棲地現況生態保育評估兩大部分。

林務局和水利署都建議採用分級評估調查，第一級爲地景評估，第二級爲棲地快速評估，採用快速綜合評估棲地現況的生態調查方法，亦即以河溪棲地評估指標與坡地棲地評估指標爲主的水庫集水區棲地評估方法，第三級爲棲地環境調查或密集現地評估，林務局規範第三級評估適用於工程範圍影響關注物種及其重要棲地的情況；水利署則規定所有工程至少須完成前兩級調查，並由結果評估是否需要進行現地密集評估。

除生態調查外，應善用及尊重地方知識，透過訪談當地居民以補充生態資訊，並將相關物種列爲關注物種，或是將特殊區域列爲重要生物棲地或生態敏感區域。

一、林務局生態評估的核心要項分述如下

1. 既有生態資源與自然棲地保留。
2. 避免棲地破碎化與生態廊道阻隔。
3. 陸域棲地品質。
4. 水域棲地品質。
5. 水域縱向連結性。

6. 水陸橫向連結性。

二、水土保持局的生態評估內容

（一）生態情報釐清及建議

關注議題及保護對象包括棲地、物種，以及生態影響及友善原則建議。

（二）棲地現況生態保育評估

包括現況描述和生態影響，以及生態友善原則建議等 3 部分：

1. 現況描述

(1) 植被相：包含陸域植被覆蓋百分比，以及植被種類，如雜木林、人工林、天然林、草地、農地、崩塌地或其他等。
(2) 溪流類型：乾溝（無常流水坑溝）、野溪及溪溝（常流水或枯水期有潭區溪流）。
(3) 河床底質：岩盤、巨礫、細礫、細砂、泥質。
(4) 河床型態：瀑布、深潭、淺瀨。
(5) 其他。

2. 生態影響

(1) 工程型式影響：溪流水流量減少、溪流型態改變、水域遷移廊道阻隔或棲地切割、水陸域遷移路徑阻隔、阻礙坡地植被演替。
(2) 施工過程影響：減少植被覆蓋、土砂下移濁度升高、大型施工便道施作、土方挖填棲地破壞。
(3) 其他。

3. 生態友善原則建議

(1) 保留巨石、樹島、大樹、岩盤、文物等。
(2) 保留陸域棲地。

(3) 保留水域棲地。

(4) 縮小或調整工區及施工便道。

(5) 維持水域縱向連結性。

(6) 維持水陸域横向連結性。

(7) 以柔性工法處理。

(8) 表土保存。

(9) 植生復育。

(10) 補充生態調查。

(11) 生態影響重大，建議不施作。

(12) 監督施工廠商友善對待工區出沒動物，禁止捕獵傷害。

(13) 其他。

11-5　自然生態工法

水土保持局鑑於 921 地震和桃芝颱風地肆虐臺灣，各類土砂災害將原有環境破壞殆盡，爲了盡可能達到原有生態系或景觀的再生，於 2003 年大力推動自然生態工法，營造符合表面孔隙化、構造物最小化、坡度緩坡化、材質自然化、界面透水化等自然生態環境，讓人類與大地資源維持平衡永續。建議河溪災害防治必須以護岸、防砂壩、潛壩、固床工等工程方法治理時，盡可能以以下五化原則辦理，有效降低工程行爲對環境的衝擊和減少對自然生態的破壞。

（一）表面孔隙化：構造物表面能設計具有粗糙度及多孔性。

（二）高壩低矮化：壩體階段化，下游緩坡化。

（三）坡度緩坡化：建構棲地廊道與遊憩景觀。

（四）材料自然化：材料多樣化、自然化。

（五）界面透水化：護岸及渠底均未使用混凝土，促進水資源的涵養。

由於混凝土構造物可以承受高流速、強大沖擊力，以及較大的水壓力和土壓力等情境，後來也有表面粗糙化、坡度緩平化、壩高低矮化、材質自然化和施工經濟化的自然生態工法五化說法。自然生態工法的五化規劃設計原則僅針對構造物本身，如果以整體流域考量時，就必須增加生態檢核作業，界定棲地型態、生態調查與評估、確認關注物種、針對關注物種在生命史各個階段的棲息、覓食、繁衍和避難行為研擬迴避、縮小、減輕和補償機制。

11-6 魚道

魚道主要有階段式魚道、潛孔式魚道和改良型舟通式魚道等 3 類：

1. 階段式魚道：容易淤積砂石、河川水位變化太大。適合跳躍能力強魚種，如臺灣鏟頷魚、臺灣石賓、粗首鱲、臺灣馬口魚等較適用。
2. 潛孔式魚道：較不受河川水位影響，適合底棲性魚類。
3. 改良型舟通式魚道：具有良好排砂功能，適合多種跳躍性和攀爬性魚種。

小型魚種和幼魚無法使用高流速和複雜流況的魚道，因應小型魚種或仔魚上溯的魚道需要設計較低流速的魚道。同樣地，規劃設計魚道流速前需要先調查該地區使用魚道的魚種體型大小、突進泳速和喜好水深等，才能達成建置魚道的目的。

目前蒐集到不同魚種的喜好水深、流速和最大突進泳速，提供參考。自表 11-3 中可知，喜好水深在 0.1～1.2m 間，喜好流速在 0.05～1.0 間，水深、流速都不大。

表 11-3　不同魚類適合生長的環境

魚種	喜好水深（m）	喜好流速（m/s）	最大突進泳速（m/s）
臺灣鏟頷魚（鯝魚、苦花）	0.32～1.2	0～1.1	
粗首鱲（紅貓、溪哥）	0.1～0.35	0.2～1	0.78～1.43

魚種	喜好水深（m）	喜好流速（m/s）	最大突進泳速（m/s）
粗首鱲	0.3～0.35	0.2～0.8	0.78～1.43
臺灣石鰭	0.25～0.7	0.1～0.3	1.16～2.47
臺灣石鰭	0.25～0.45	0.1～0.3	1.16～2.47
纓口臺鰍（臺灣纓口鰍）	0.23	0.47	
埔里中華爬岩鰍	0.2～0.4	0.45～1.0	
明潭吻鰕虎	0.2～1.05	0.05～0.82	
明潭吻鰕虎	0.3～0.45	0.2～0.8	

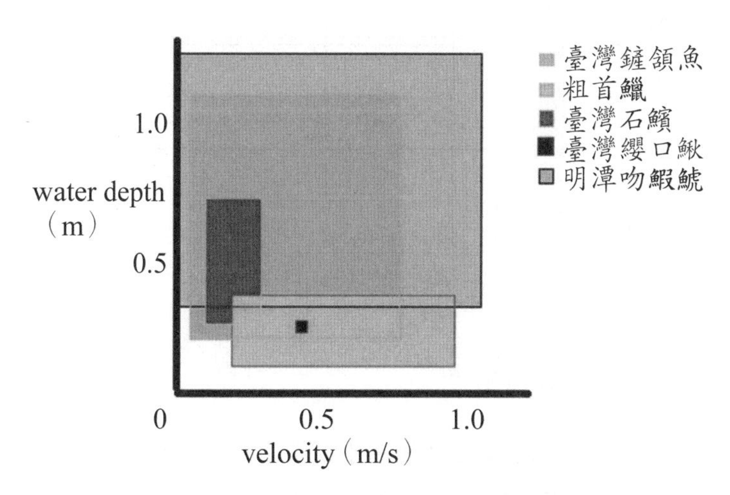

圖 11-1　魚種水深與流速適應圖

農委會特生中心的試驗報告有下列的研究成果：

表 11-4 魚種與魚道適應表

試驗魚道種類		改良型舟通式魚道	階段式魚道		潛孔式魚道	
魚種		最大坡度	較適流量（cms/m）	較適水位差（cm）	最高水位差（cm）	突進泳速（m/s）
跳躍性	臺灣鏟頜魚	1/4	0.1	40	50	2.5
	臺灣石賓		0.1	40	50	2.5
	粗首鱲		0.06	40	20	2.0
	臺灣馬口魚		0.14	12	30	2.4
攀爬性	臺灣纓口鰍	>1/4	0.1	40	40	2.5
	臺灣間爬岩鰍		0.1	50	>50	>2.6
	褐吻鰕虎					
	短吻鰕虎					
	白鰻					
	明潭吻鰕虎				30	2.4
	短吻紅斑鰕虎				20	2.0

11-7 生態友善措施

整理目前所蒐集到的各家河溪生態友善措施，覺得林務局的版本較爲完整，且適合做爲河溪生態工程規劃設計的參考，因此摘錄林務局對應下列各項的生態友善措施如下：

（一）溪床自然基質多樣性

1. 優先保留穩定多樣化的溪床自然基質結構，不移除塊石、整平溪床或以混凝土封底。
2. 保留至少 30% 塊石，巨石、倒木於溪床上。
3. 強化濁度管理，避免土砂沉積覆蓋溪床基質。

4. 完工後以拋鋪塊石等方式復原或營造，有利基質多樣性恢復。

（二）河床底質包埋度

1. 控制土砂來源，降低施工過程中開挖擾動地表。
2. 避免施工期間土砂不當堆置，或將剩餘土石推入溪床旁或道路下邊坡溪流等。
3. 工程設計時控制水流流速，避免細粒沉積物堆積。
4. 利用涵管或便橋等設施，避免車輛機具直接碾壓溪床，揚起溪床土砂落入水體。
5. 利用臨時沉砂設施，或截排水設施，降低溪水濁度。

（三）流速水深組合

1. 優先保留全段或部分天然溪段，與該溪段較少見的河相型態。
2. 不移除塊石，保留不打除溪床 2～3 公尺以上大石。
3. 完工後不整平河道。
4. 以近自然工法設計與營造，恢復棲地多樣性。

（四）湍瀨出現頻率

1. 保留天然溪段與連續性的湍瀨河相。
2. 復原或營造施工前的湍瀨出現頻率。

（五）河道水流狀態

1. 維持天然河槽或溪段。
2. 避免整平河道或混凝土封埋。
3. 設計淺 V 型溪床斷面或低水流路。
4. 施工期間設置臨時深槽導溝集中水流，完工後以深槽集中水流，避免淺流、漫流。

（六）堤岸的植生保護

1. 保留層次完整的濱溪綠帶。

2. 選擇生態敏感度低的區塊設置施工便道與材料堆置場，如既有便道與空地。
3. 限制護岸與施工便道的長度和寬度。
4. 避免因驗收作業或長官視察，作過度的坡岸整理。
5. 如濱溪綠帶於施工期間遭移除，則需要提供植生復育濱溪綠帶的補償計畫。

（七）河岸植生帶寬度

1. 保留良好濱溪植物帶，或是部分保留以供後續恢復所需的多樣化棲地和植物種源。
2. 限縮護岸回填區寬度至 3 公尺以內，控制裸露坡面以利植被恢復。
3. 選擇生態敏感度低的路線或區塊設置施工便道與材料堆置場所。
4. 設計多孔隙材質護岸，或在溪床保留灘地或回淤區，提供濱溪植被生長，恢復植生帶寬度。

（八）溪床寬度變化

1. 從整體流域面向考量災害嚴重程度與野溪治理必要性，避免工程地點位於棲地與生態功能良好的溪段。
2. 選取溪流周邊的國有地爲大水溢淹的安全緩衝區，降低治理頻度與強度。
3. 精算工程與防洪需求，降低溪床拓寬幅度。

（九）縱向連結性

1. 從整體流域考量橫向構造物設置必要性，優先考慮拆除或改善既有構造物，避免新設防砂壩。
2. 精算工程與安全需求，盡可能減少防砂壩數目與高度。
3. 採用可以提供水域動物縱向移動的友善構造物，如開口或高通透性壩體設計或連續式固床工等橫向構造物。

4. 因地制宜採用斜坡、魚道、疊石等輔助設施，達到水域縱向連結。

（十）橫向連結性

1. 從整體流域考量護岸設置必要性，優先改善既有護岸，避免新設護岸。
2. 精算工程與安全需求，盡可能保留自然坡岸，避免連續性水泥護岸，高聳護岸。
3. 使用多孔隙、緩坡、低矮化的護岸，以支流匯口作爲橫向通道等。
4. 在沒有安全顧慮下，自然邊坡優於乾砌和其他多孔隙材質，其次是漿砌，混凝土最差。
5. 必要時設置動物坡道或廊道等輔助設施。
6. 尊重自然環境：在道路規劃選線過程中，充分了解、掌握現地環境因子，包括地質、水文、氣候環境條件、環境色彩、動植物棲息環境、動物遷徙路徑等，以能規劃出一處低環境干擾、結合環境特色的綠色道路。
7. 維持生態多樣性：避免標準斷面式思考進行設計。道路工程的綠帶設計，應視腹地情況及道路寬幅、設計速限進行調整路寬，快速道路兩側應保留 3 公尺以上的綠帶，以在地、原生植栽中抗污染性高植栽爲優先選取原則，並以多樣性組合、複層栽植方式進行道路綠帶設計。
8. 生物遷徙廊道：道路的帶狀切割，容易造成環境生物圈隔離，阻隔了生物遷徙、活動的路徑。高密度路網建設，容易形成生態孤島。鄉村道路、產業道路可以增設警示標誌、縮減車幅寬度、減少硬鋪面或限制行車速限方式減少對動物穿越的傷害；快速道路則以高架道路型式或以誘導式圍籬搭配生物通廊的設置，可以增加道路兩側橫向聯繫的功能，於行道樹的列植間距，應能保持其樹冠相連，增加空中通廊的功能。

11-8 生態友善機制施工階段共通性注意事項

1. 施工放樣階段監造單位及施工廠商需了解工區生態保全對象位置及生態友善措施內容。
2. 施工期間配合工程檢核點填寫「生態友善機制自主檢查表」。
3. 如有發現環境生態異常狀況（生態友善措施未執行、保留樹木因颱風倒塌、水質混濁、魚蝦暴斃），應主動通報主程主辦機關妥善處理。
4. 施工期間如有變更設計或施工規劃（增設施工便道、堆置區等），需通知生態專業團隊協助評估生態友善措施，並對應修正自主檢查表，避免影響生態友善成效。
5. 施工擾動範圍（施工便道、堆置區）應依工程設計圖說及施工計畫書指定的範圍內施作，不可影響施工邊界外的環境。
6. 生態保全對象：
   (1) 工區應保留的樹木、森林、大石、深潭等，現地以立牌、警示帶等方式標示，使現地工作人員能清楚識別，避免誤傷。
   (2) 樹木、樹島、森林保護原則：
      a. 機具施作避免碰撞樹木造成受損。
      b. 樹木基部半徑至少 2.5 公尺範圍內，禁止機具車輛進入干擾、清除植物，並禁止覆土。
      c. 施工便道開闢儘量遠離樹木，避免壓密土壤或傷害根系。
   (3) 保全溪段不應作爲便道或堆置區，且禁止工程機具進入擾動。
7. 施工便道、機具停放、材料堆置等施工擾動區應依設計圖設置，如設計圖未有規劃，應優先利用人爲干擾區、前期工程施作區，避開森林區域。
8. 溪床大石（長徑≧ 1 m）如未阻礙水流應儘量保留，不打碎、移走或掩埋。
9. 完工後的常流水溪流須營造複式斷面，低水河槽的設計水量以枯水期水量，或施工前溪流水量規劃設計，提供足夠水深和流量供水陸域動物利用。

10. 水質保護措施：

(1) 施工期間盡量規劃於枯水期。

(2) 設置適當截排水設施、導流及沉砂池，避免混凝土殘渣污染水質或下游濁度大幅升高。

(3) 沉砂池應定期檢查排放水，如濁度過高應進行改善。

(4) 施工便道採固定路線，固定於左岸或右岸其中一側，減少對溪床的擾動。

(5) 施工便道如需跨越河道應埋設涵管或架設橋梁，避免大量土石進入溪流。

11. 若工程完工後有居民違規進入工區種植作物或佔用情事，影響主辦單位土地管理及環境回復，則可採取以下行動：

(1) 施工便道和回填區於完工後植生造林。

(2) 完工後，主辦單位定期巡查，如有違規佔用依相關法規辦理。主辦單位應提供工程坐標位置、完工時環境照片等資料，以利管理比對。

第十二章　公共工程生態檢核

12-1　臺灣生態工程發展

南宋魏峴（1208～1224）所撰寫〈四明它山水利備覽卷上〉的防沙一節已經提到工程配合植生方法築堤防洪（欽定四庫全書，乾隆 46 年，1783），荷蘭里耶克（Johannis DeRijke）在明治六年（1873）規劃大阪信濃川治水工程，以強度不如鋼筋水泥的石頭、樹木等配合水利學施工對抗洪水。就地取材的天然材料容易讓水域生物棲息、植物著生、螺貝、藻類附著，後來逐漸形成日本特色的工法。東京帝國大學教授上野英三郎推動低造價的水利工法。1938 年，上野英三郎的學生牧隆泰於臺北帝國大學成立農業工學與水理實驗場，1940 年分別改名爲農業工程學系（生物環境系統工程學系前身），與臺大水工實驗室（水工試驗所前身），持續推動兼顧生態環境與工程規劃施工的永續環境事業。

臺灣由於發展生態工程較歐美和日本晚，因此，臺灣的生態工程係綜合歐美、日本的生態工程意涵，2001 年行政院公共工程委員會成立「生態工法諮詢小組」，隔年定義生態工法爲「基於對生態系統的深切認知與落實生物多樣性保育及永續發展，而採取以生態爲基礎、安全爲導向的工程方法，以減少對自然環境造成傷害」。其實，早在 2001 年 8 月環境保護署修正公布的「開發行爲環境影響評估作業準則第十九條第二項第四款」就出現「生態工法」一詞，後來改爲「生態工程」。到了 2006 年，水土保持局於「石門水庫及其集水區整治計畫」開始推動生態檢核，爲臺灣第一個實施生態檢核的計畫。

爲了減輕公共工程對生態環境造成的負面影響，並落實生態工程永續發展的理念，維護生物多樣性資源與環境友善品質，公共工程委員會於 2017 年訂定「公共工程生態檢核機制」，規範除了災後緊急處理、搶修、搶險、災後原地復健、規劃取得綠建築標章的建築工程和維護管理相關工程外，中央政府各機關執行新建工程的時候，都需要辦理生態檢核作業。辦理生態檢核作業時，可以依據各機關工程特性參考水利署《水庫集水區工程生態檢核執行參考手冊》、水保局「環境友善措施標準作業書」，以及林務局「國有林治理工程加強生態保育注意事項」作法，研訂各類工程生態檢核執行參考手冊。2019 年，公共工程委員會將「公共工程生態檢核機制」將名稱修正爲「公共工程生態檢核注意事項」，同時規範除了災後緊急處理、搶修、搶險、災後原地復建、原構造物範圍內的整建或改善、已開發場所、規劃取得綠建築標章的建築工程及維護管理相關工程外，中央政府各機關辦理新建公共工程或直轄市政府及縣（市）政府辦理受中央政府補助比率逾工程建造經費百分之五十的新建公共工程時，需辦理生態檢核作業；2021 年做了第三次修正，增加已開發場所且經自評確認無涉及生態環境保育議題，以及規劃取得綠建築標章並納入生態範疇相關指標的建築工程無需辦理生態檢核作業。另外，規定生態保育措施採用植生時，優先考量選擇合適當地原生植物，以及修改自評表欄位，與增訂中央目的事業主管機關提送上一年度執行情形備查規定。

12-2 生態檢核作業辦理

中央政府各機關辦理新建公共工程或直轄市政府及縣（市）政府辦理受中央政府補助比率逾工程建造經費百分之五十的新建公共工程時，須辦理生態檢核作業。下列情形之一者，不需辦理：

1. 災後緊急處理、搶修、搶險。
2. 災後原地復建。
3. 原構造物範圍內的整建或改善且經自評確認無涉及生態環境保育議題。
4. 已開發場所且經自評確認無涉及生態環境保育議題。
5. 規劃取得綠建築標章並納入生態範疇相關指標的建築工程。
6. 維護管理相關工程。

生態檢核係為了解新建公共工程涉及的生態議題與影響，評估其可行性及妥適應對的迴避、縮小、減輕、補償方案，並依工程生命週期分為工程計畫核定、規劃、設計、施工及維護管理等作業階段。

12-3　生態檢核各階段工作項目

生態檢核作業有生態資料蒐集、生態調查及評估、生態保育措施和生態保育措施監測等4個階段。各階段包含項目如下：

一、生態資料蒐集

為生態保全對象的基礎評估資訊，須包含但不限於下列項目：

1. 法定自然保護區。
2. 生物多樣性的調查報告、研究及保育資料。
3. 各界關注的生態議題。
4. 國內既有生態資料庫套疊成果。
5. 現場勘查記錄生態環境現況，可善用及尊重地方知識，透過訪談當地居民了解當地對生態環境的知識、生物資源利用狀況、人文及土地倫理。

二、生態調查及評析

1. 棲地調查：進行現地調查，將棲地或植被予以記錄及分類，並繪製空間分布圖，作為生態保全對象的基礎評估資訊。
2. 棲地評估：進行現地評估，指認棲地品質（如透過棲地評估指標等方式確認），作為施工前、施工中及施工後棲地品質變化依據。
3. 指認生態保全對象：生態保全對象包含關注物種、關注棲地及高生態價值區域等。
4. 物種補充調查：依生態資料蒐集及棲地調查結果，根據工程影響評析及生態保育作業擬定的需要，決定是否及如何進行關注物種或類群的調查。

5. 繪製生態關注區域圖：將前述生態資料蒐集、棲地調查、棲地評估、生態保全對象及物種補充調查的階段性成果，疊合工程量體配置方式及影響範圍繪製成生態關注區域圖，以利工程影響評析、擬定生態保育措施、規劃生態保育措施監測。
6. 工程影響評析：綜合考量生態保全對象、關注物種特性、關注棲地配置與工程方案的關聯性，判斷可能影響，辦理生態保育。

三、生態保育措施

應考量個案特性、用地空間、水理特性、地形地質條件及安全需求等，並依資料蒐集調查，及工程影響評析內容，因地制宜按迴避、縮小、減輕及補償等四項生態保育策略的優先順序擬定及實施。

四、生態保育措施監測

爲評估生態保育措施執行成果，確保生態保全對象得以保全，於施工前提出生態保育措施監測計畫，據以進行施工前、施工中及施工後的監測作業，以適時調整生態保育措施。

12-4 生態保育策略

生態保育策略依序有迴避、縮小、減輕及補償等四項，各項保育措施如下所述：

一、迴避

迴避負面影響的產生，大尺度的應用包括停止開發計畫、選用替代方案等；較小尺度的應用則包含工程量體及臨時設施物（如施工便道等）的設置應避開有生態保全對象或生態敏感性較高的區域；施工過程避開動物大量遷徙或繁殖的時間等。

二、縮小

修改設計縮小工程量體（如縮減車道數、減少路寬等）、施工期間限制臨時設施物對工程周圍環境的影響。

三、減輕

經過評估工程影響生態環境程度，兼顧工程安全及減輕工程對環境與生態系功能衝擊，因地制宜採取適當的措施，如：保護施工範圍內的既有植被及水域環境、設置臨時動物通道、研擬可執行的環境回復計畫等，或採對環境生態傷害較小的工法或材料（如大型或小型動物通道的建置、資材自然化、就地取材等）。

四、補償

爲補償工程造成的重要生態損失，以人爲方式重建相似或等同的生態環境，如：於施工後以人工營造手段，加速植生（考量選擇合適當地原生植物）及自然棲地復育，並視需要考量下列事項：

1. 補償棲地的完整性，避免破碎化。
2. 關聯棲地間可設置生物廊道。
3. 重建的生態環境受環境營力作用下的可維持性。

12-5　生態檢核作業原則

工程生命週期包含工程計畫核定、規劃、設計、施工和維護管理等 5 個階段，依據工程生命週期，各階段的生態檢核作業原則如下：

一、工程計畫核定階段

本階段目標為評估計畫可行性、需求性及對生態環境衝擊程度，決定採不開發方案或可行工程計畫方案。其作業原則如下：

1. 蒐集計畫施作區域既有生態環境及議題等資料，並由生態背景人員現場勘查記錄生態環境現況及分析工程計畫對生態環境的影響。
2. 依工程規模及性質，計畫內容得考量替代方案，並應將不開發方案納入，評估比較各方案對生態、環境、安全、經濟及社會等層面的影響後，決定採不開發方案或提出對生態環境衝擊較小的可行工程方案。
3. 邀集生態背景人員、相關單位、在地民眾及關心生態議題的民間團體辦理現場勘查，溝通工程計畫構想方案及可能的生態保育原則。
4. 決定可行工程計畫方案及生態保育原則，並研擬計畫核定各階段執行生態檢核所需作業項目及費用（如必要的物種補充調查、生態保育措施、監測、民眾參與等）。

二、規劃階段

本階段目標為生態衝擊的減輕及因應對策的研擬，決定工程配置方案。其作業原則如下：

1. 組成含生態背景及工程專業的跨領域工作團隊，辦理生態資料蒐集、棲地調查、棲地評估、指認生態保全對象，並視需求辦理物種補充調查。
2. 根據生態調查及評析結果，並依迴避、縮小、減輕及補償的順序，研擬生態保育對策，提出合宜的工程配置方案。
3. 邀集生態背景人員、相關單位、在地民眾及關心生態議題的民間團體辦理規劃說明會，蒐集整合並溝通相關意見。

三、設計階段

本階段目標爲落實規劃作業成果至工程設計中。其作業原則如下：

1. 組成含生態背景及工程專業的跨領域工作團隊，根據生態保育對策辦理細部的生態調查及評析工作。
2. 根據生態調查、評析成果提出生態保育措施及工程方案，並透過生態及工程人員的意見往復確認可行性後，完成細部設計。
3. 根據生態保育措施，提出施工階段所需的環境生態異常狀況處理原則，以及提出生態保育措施監測計畫與自主檢查表的建議；並研擬必要的生態保育措施及監測項目等費用。
4. 可邀集生態背景人員、相關單位、在地民眾及關心生態議題的民間團體辦理設計說明會，蒐集整合並溝通相關意見。

四、施工階段

本階段目標爲落實前兩階段所擬定的生態保育對策、措施、工程方案及監測計畫，確保生態保全對象、生態關注區 域完好及維護環境品質。其作業原則如下：

1. 開工前準備作業：
   (1) 組織含生態背景及工程專業的跨領域工作團隊，以確認生態保全對象、生態保育措施實行方案及環境生態異常狀況處理原則。
   (2) 辦理施工人員及生態背景人員現場勘查，確認施工廠商清楚了解生態保全對象位置，並擬定生態保育措施及環境影響注意事項。
   (3) 施工計畫書應考量減少環境擾動的工序，並包含生態保育措施及其監測計畫，說明施工擾動範圍（含施工便道、土方及材料堆置區），並以圖面呈現與生態保全對象的相對應位置。
   (4) 履約文件應有生態保育措施自主檢查表、生態保育措施監測計畫及生態異常狀況處理原則。

(5) 施工前環境保護教育訓練計畫應含生態保育措施的宣導。

(6) 邀集生態背景人員、相關單位、在地民眾及關心生態議題的民間團體辦理施工說明會，蒐集整合並溝通相關意見。

2. 確實依核定的生態保育措施執行，於施工過程中注意對生態的影響。若遇環境生態異常時，啓動環境生態異常狀況處理，停止施工並調整生態保育措施。生態保育措施執行狀況納入相關工程督導重點，完工後列入檢核項目。

五、維護管理階段

本階段目標爲維護原設計功能，檢視生態環境恢復情況。其作業原則：定期視需要監測評估範圍的棲地品質並分析生態課題，確認生態保全對象狀況，分析工程生態保育措施執行成效。

12-6 公民參與和資訊公開

一、公民參與

工程主辦機關應於計畫核定至工程完工過程中建立民眾協商溝通機制，說明工程辦理原因、工作項目、生態保育策略及預期效益，藉由相互溝通交流，有效推行計畫，達成生態保育目標。

二、資訊公開

工程主辦機關應將各階段生態檢核資訊即時公開，公開方式可包含刊登於公報、公開發行的出版品、網站，或舉行記者會、說明會等方式主動公開，或應人民申請提供公共工程的生態檢核資訊。

12-7 作業流程

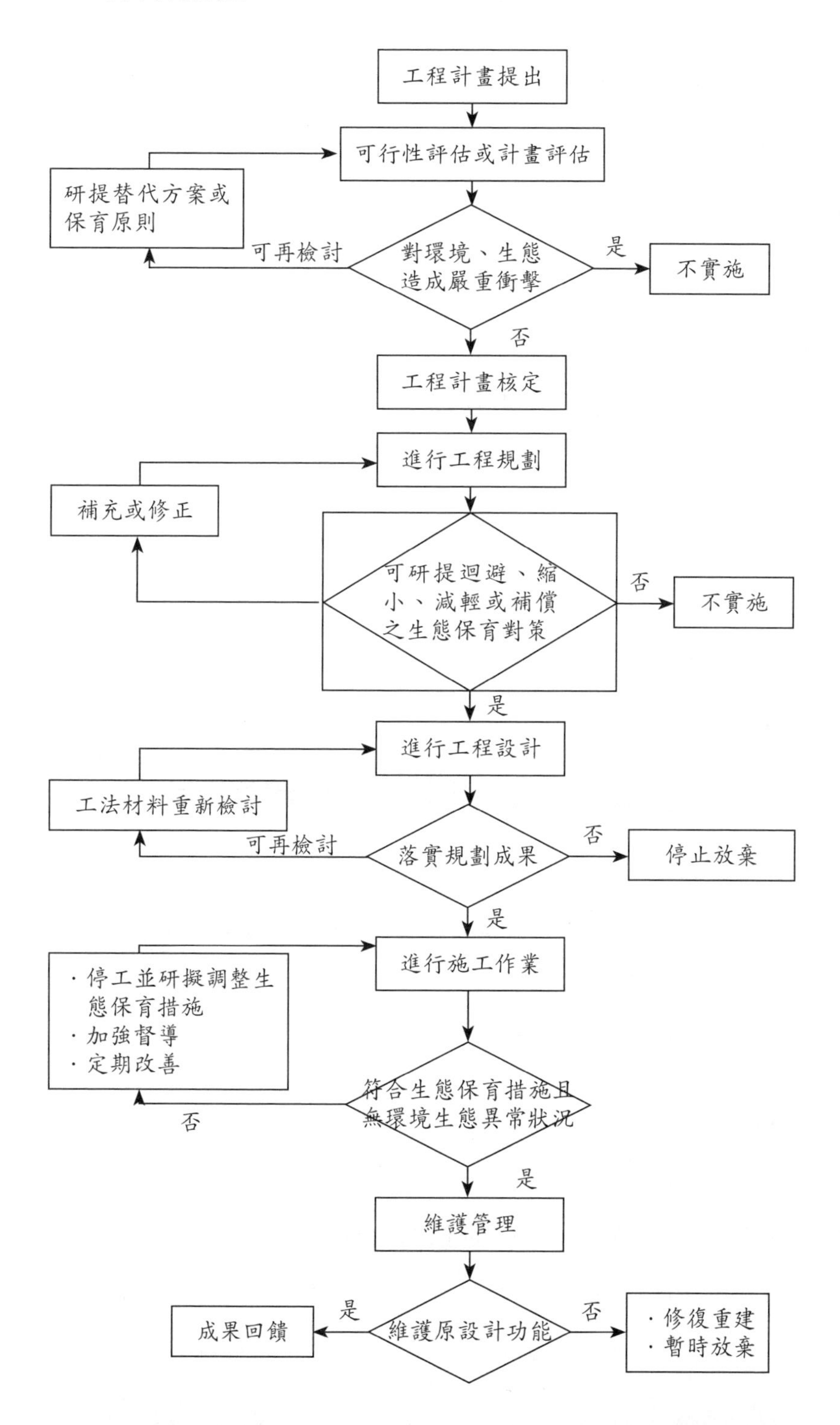
工程計畫提出
可行性評估或計畫評估
研提替代方案或保育原則
可再檢討
對環境、生態造成嚴重衝擊
是
不實施
否
工程計畫核定
進行工程規劃
補充或修正
可研提迴避、縮小、減輕或補償之生態保育對策
否
不實施
是
進行工程設計
工法材料重新檢討
可再檢討
落實規劃成果
否
停止放棄
是
進行施工作業
·停工並研擬調整生態保育措施
·加強督導
·定期改善
符合生態保育措施且無環境生態異常狀況
否
是
維護管理
成果回饋
是
維護原設計功能
否
·修復重建
·暫時放棄

12-8 生態檢核自評表項目

一、工程基本資料

1. 計畫及工程名稱。
2. 設計單位。
3. 監造廠商。
4. 主辦機關。
5. 營造廠商。
6. 基地位置（地點附記 TWD97 座標）。
7. 工程預算 / 經費（千元）。
8. 工程目的。
9. 工程類型（交通、港灣、水利、環保、水土保持、景觀、步道、建築和其他）。
10. 工程概要。
11. 預期效益。

二、工程計畫核定階段（含提報核定起訖日期）

（一）專業參與

生態背景人員：有生態背景人員參與，協助蒐集調查生態資料、評估生態衝擊、擬定生態保育原則。

（二）生態資料蒐集調查

1. 地理位置

區位：法定自然保護區或一般區。

2. 關注物種、重要棲地及高生態價值區域

(1) 關注物種如保育類動物、特稀有植物、指標物種、老樹或民俗動植物等。

(2) 工址或鄰近地區有森林、水系、埤塘、溼地及關注物種的棲地分布與依賴的生態系統。

（三）生態保育原則

1. 方案評估

評估生態、環境、安全、經濟及社會等層面的影響，提出對生態環境衝擊較小的工程計畫方案。

2. 採用策略

針對關注物種、重要棲地及高生態價值區域，採取迴避、縮小、減輕或補償策略，減少工程影響範圍。

3. 經費編列

編列生態調查、保育措施、追蹤監測所需經費。

（四）民眾參與

現場勘查：邀集生態背景人員、相關單位、在地民眾及關心相關議題的民間團體辦理現場勘查，說明工程計畫構想方案、生態影響、因應對策，並蒐集回應相關意見。

（五）資訊公開

計畫資訊公開：主動將工程計畫內容的資訊公開。

三、規劃階段（含規劃起訖日期）

（一）專業參與

生態背景及工程專業團隊：組成含生態背景及工程專業的跨領域工作團隊。

（二）基本資料蒐集調查

生態環境及議題：

1. 具體調查掌握自然及生態環境資料。
2. 確認工程範圍及週邊環境的生態議題與生態保全對象。

（三）生態保育對策

調查評析、生態保育方案：根據生態調查評析結果，研擬符合迴避、縮小、減輕與補償策略的生態保育對策，提出合宜的工程配置方案。

（四）民眾參與

規劃說明會：邀集生態背景人員、相關單位、在地民眾及關心生態議題的民間團體辦理規劃說明會，蒐集整合並溝通相關意見。

（五）資訊公開

規劃資訊公開：主動將規劃內容的資訊公開。

四、設計階段（含設計起訖日期）

（一）專業參與

生態背景及工程專業團隊：組成含生態背景及工程專業的跨領域工作團隊。

（二）設計成果

生態保育措施及工程方案：根據生態評析成果提出生態保育措施及工程方案，並透過生態及工程人員的意見往復確認可行性後，完成細部設計。

（三）民眾參與

設計說明會：邀集生態背景人員、相關單位、在地民眾及關心生態議題的民間團體辦理設計說明會，蒐集整合並溝通相關意見。

（四）資訊公開

設計資訊公開：主動將生態保育措施、工程內容等設計成果的資訊公開。

五、施工階段（含施工起訖日期）

（一）專業參與

生態背景及工程專業團隊：組成含生態背景及工程背景的跨領域工作團隊。

（二）生態保育措施

1. 施工廠商

(1) 辦理施工人員及生態背景人員現場勘查，確認施工廠商清楚了解生態保全對象位置。

(2) 擬定施工前環境保護教育訓練計畫，並將生態保育措施納入宣導。

2. 施工計畫書

施工計畫書是否納入生態保育措施，說明施工擾動範圍，並以圖面呈現與生態保全對象的相對應位置。

3. 生態保育品質管理措施

(1) 履約文件有將生態保育措施納入自主檢查，並納入其監測計畫。

(2) 擬定工地環境生態自主檢查及異常情況處理計畫。

(3) 施工確實依核定的生態保育措施執行，並於施工過程中注意對生態的影響，以確認生態保育成效。

(4) 施工生態保育執行狀況納入工程督導。

（三）民眾參與

施工說明會：邀集生態背景人員、相關單位、在地民眾及關心生態議題的民間團體辦理施工說明會，蒐集整合並溝通相關意見。

（四）資訊公開

施工資訊公開：主動將施工相關計畫內容的資訊公開。

六、維護管理階段

（一）生態效益

生態效益評估：維護管理期間定期視需要監測評估範圍的棲地品質並分析生態課題，確認生態保全對象狀況，分析工程生態保育措施執行成效。

（二）資訊公開

監測、評估資訊公開：主動將監測追蹤結果、生態效益評估報告等資訊公開。

12-9　各機關辦理公共工程生態檢核錯誤樣態（2020）

公共工程委員會於2020年公布各機關辦理公共工程生態檢核過程中幾個常見的錯誤樣態，提醒未來在從事工程生態檢核作業時，能夠更加周延、完善。

一、計畫核定階段

（一）自評無需辦理生態檢核作業的案件

如「已開發場所」範疇，部分位於或鄰近高生態價值區域，卻未確認是否無涉生態及環境保育議題，引發未辦理生態檢核的爭議。

1.「高生態價值區域」係指對生態系的生產力、生物多樣性及韌性有顯著貢獻的棲息地，例如（但不限於）高生物多樣性、包含特稀有、瀕危物種的棲息地、保護區、生態敏感地、荒野地等。

2. 已開發場所仍有可能因位於或鄰近高生態價值區域，涉及相關生態議題，故排除辦理生態檢核作業時，仍需先自評確認無涉生態及環境保育議題。

（二）未落實蒐集計畫區域既有生態環境及議題等資料

如：未詳實評估工區是否位屬法定自然保護區、是否有關注物種及其重要棲地；蒐集資料未有效掌握重要生態資訊等。

本階段目標爲評估計畫可行性、需求性及對生態環境衝擊程度，決定採不開發方案或可行工程計畫方案，故需事先掌握計畫區域既有生態環境及議題等相關資料，如河川工程，可蒐集該區域河川情勢調查、特有生物研究保育中心的台灣生物多樣性網絡（TBN）、eBird Taiwan 資料庫、林務局生態調查資料庫系統等生態資料，並蒐集既有生態、環境及相關議題等資料。

（三）未落實建立公民參與機制

如：召開民眾說明會議的討論內容未納入生態事宜；未辦理相關說明會，或會前未提供相關資料，或未邀集相關人士辦理現場勘查，溝通工程計畫構想方案及可能的生態保育原則等。

透過民眾參與，說明工程辦理原因、工作項目、生態保育原則及預期效益，藉由相互溝通交流，方能有效推行計畫，達成生態保育目標。具體作法如可邀集生態背景人員（或涉特殊議題者，應邀請相關背景人員與會）、鄉（鎮、市、區）公所、社區組織、在地民眾、相關單位與長期關心相關議題的民間團體，召開工作坊等型式會議或現勘，且於會前提供相關資料，共同參與生態檢核及提案計畫推動方向，溝通及整合意見，建立共識併同公民參與相關會議紀錄（含參採或回應情形）納入生態檢核自評表的附件。

（四）面對重大生態議題、生態敏感區域，未採不開發方案或提出對生態環境衝擊較小的可行工程方案

生態檢核的目的係希望發現生態議題，並藉由迴避、縮小、減輕、補償等生態保育策略的優先順序考量及實施，提出工程改善方案。

（五）未根據掌握的生態資料，提出後續所需生態專案調查項目及費用

遭遇重大生態議題或蒐集的生態資料如不足以作為後續工程規劃設計參考時，應於計畫提報階段研擬必要的生態專案調查項目及費用。

（六）未落實資訊公開作業

例如：未公開生態檢核資訊或公開內容未完整、未適時公開等。

本階段應視個案特性，適時公開公民參與相關現勘或會議舉辦訊息、現勘或會議紀錄、計畫內容（含生態保育原則）、生態檢核自評表（含相關文件紀錄）等資訊，方為完妥。

（七）未填具或未落實查填生態檢核自評表

透過檢核表的自評，提醒機關評估計畫對生態環境衝擊程度，據以提出兼顧生態的可行工程計畫。

二、規劃設計階段

（一）核認無需辦理生態檢核作業的案件，部分位於或鄰近高生態價值區域

例如：「已開發場所」範疇，未確認是否無涉生態環境保育議題，引發未辦理生態檢核的爭議。

「已開發場所」為位於已開發範圍內，例如既有學校、園區、監獄等範圍內，且經確認無涉生態環境保育議題者。

（二）已辦理環境影響評估的案件，內容涉及生態環境評估，於後續設計、施工及維護管理階段卻未辦理環評時相關承諾落實與否的生態檢核

已辦理環評的案件，於設計、施工及維護管理階段，仍需配合環評時的環境保護對策，進行後續各作業階段的落實與否檢核作業，而非完全不需辦理生態檢核。

（三）生態資料無法反饋工程方案

例如：名錄式的生態調查，未針對棲地環境提出保護對策；未根據生態保育措施，提出施工階段所需的環境生態異常狀況處理原則等。

掌握生態資料，係爲了了解施工範圍內的陸水域生態棲地環境，將生態保育概念融入工程規劃設計方案及施工方法。

（四）未落實建立公民參與機制

例如：召開民眾說明會議的討論內容未納入生態事宜，或會前未提供相關資料；未邀集相關人士辦理相關（如規劃）說明會，蒐集整合並溝通相關意見等。

透過民眾參與說明規劃內容（如生態保育對策、工程配置方案等），藉由溝通交流，蒐集整合相關意見，以利計畫執行，並達成生態保育目標。具體作法可邀集生態背景人員（或涉特殊議題者，邀請相關背景人員與會）、鄉（鎮、市、區）公所、社區組織、在地民眾、相關單位與長期關心相關議題的民間團體，召開工作坊等型式會議或現勘，且於會前提供相關資料，共同參與生態檢核及規劃設計，溝通及整合意見，建立共識併同公民參與相關會議紀錄（含參採或回應情形）納入生態檢核自評表的附件。

（五）未落實資訊公開作業

例如：未公開生態檢核資訊；公開內容未完整；未實際呈現工程資訊；

未適時公開等。

本階段應視個案特性，適時公開公民參與相關現勘或會議舉辦訊息、現勘或會議紀錄、規劃設計內容、生態檢核自評表（含相關附件，如生態關注區位圖、生態議題分析、生態保育對策、措施、生態保全對象及施工擾動範圍、位置、異常狀況處理計畫等）等資訊，方爲完妥。

（六）未填具或未落實查填生態檢核自評表

例如：無說明內容且未提供相關附件，無法檢視資料正確與否；漏列未填；填具資訊不確實等。

透過檢核表的自評，提醒機關根據工區及周邊環境的生態議題與生態保全對象，提出生態保育對策、措施，及合宜工程配置方案，並落實於設計中，於規劃設計階段填具自評表，並檢附相關文件紀錄。

三、施工階段

（一）常見於規劃設計階段時，邀請長期關心相關生態議題的民間團體參與，並承諾以符合迴避、縮小、減輕及補償策略的生態保育對策，提出合宜的工程配置方案，惟於施工階段未邀請原參與的民間團體逕行辦理變更設計，造成失信未依原承諾生態保育事項辦理的情事發生。

施工階段確實依生態保育措施執行，如有變更，宜與原參與的民間團體等單位溝通。

（二）未落實建立公民參與機制

例如：施工前未辦理說明會，蒐集整合溝通相關意見；辦理說明會，未採納相關意見，無具體檢討回應說明等。

可透過民眾參與，說明施工計畫，藉由溝通交流，蒐集整合相關意見，以利工程執行，並達成生態保育目標。具體作法如可邀集生態背景人員（或涉特殊議題者，邀 請相關背景人員與會）、鄉

（鎮、市、區）公所、社區組織、在地民眾、相關單位與長期關心相關議題的民間團體，召開施工說明會，溝通及整合意見，建立共識併同公民參與相關會議紀錄（含參採或回應情形）納入生態檢核表的附件。

（三）未落實資訊公開作業

例如：未公開生態檢核資訊、公開內容未完整、未實際呈現工程資訊、未適時公開等。

本階段應視個案特性適時公開公民參與相關現勘或會議舉辦訊息、現勘或會議紀錄、施工計畫書等資訊，方為完妥。

（四）未填具或未落實查填生態檢核自評表

透過檢核表的自評，提醒機關要求施工廠商掌握工區及週邊環境的生態環境資料，了解生態保育措施內容，並根據施工計畫落實執行，於施工階段填具自評表，並檢附相關文件紀錄。

四、維護管理階段

・未落實辦理資訊公開作業

公開監測追蹤結果、生態效益評估報告等資訊。

12-10　公共工程生態檢核自評表

工程基本資料	計畫及工程名稱			
	設計單位		監造廠商	
	主辦機關		營造廠商	
	基地位置	地點：____市（縣）____區（鄉、鎮、市）______里（村）______鄰 TWD97座標 X：________ Y：________	工程預算／經費（千元）	

階段	檢核項目	評估內容	檢核事項
工程基本資料	工程目的		
	工程類型	□交通、□港灣、□水利、□環保、□水土保持、□景觀、□步道、□建築、□其他____	
	工程概要		
	預期效益		
工程計畫核定階段	提報核定期間：　年　月　日至　年　月　日		
	一、專業參與	生態背景人員	是否有生態背景人員參與，協助蒐集調查生態資料、評估生態衝擊、擬定生態保育原則？ □是　□否
	二、生態資料蒐集調查	地理位置	區位：□法定自然保護區、□一般區 （法定自然保護區包含自然保留區、野生動物保護區、野生動物重要棲息環境、國家公園、國家自然公園、國有林自然保護區、國家重要溼地、海岸保護區等。）
		關注物種、重要棲地及高生態價值區域	1.是否有關注物種，如保育類動物、特稀有植物、指標物種、老樹或民俗動植物等？ □是____ □否 2.工址或鄰近地區是否有森林、水系、埤塘、溼地及關注物種之棲地分布與依賴之生態系統？ □是____ □否

<table>
<tr><td rowspan="5">工程計畫核定階段</td><td rowspan="3">三、
生態保育原則</td><td>方案評估</td><td>是否有評估生態、環境、安全、經濟及社會等層面之影響，提出對生態環境衝擊較小的工程計畫方案？
□是　□否</td></tr>
<tr><td>採用策略</td><td>針對關注物種、重要棲地及高生態價值區域，是否採取迴避、縮小、減輕或補償策略，減少工程影響範圍？
□是____________________
□否</td></tr>
<tr><td>經費編列</td><td>是否有編列生態調查、保育措施、追蹤監測所需經費？
□是____________________
□否</td></tr>
<tr><td>四、
民眾參與</td><td>現場勘查</td><td>是否邀集生態背景人員、相關單位、在地民眾及關心相關議題之民間團體辦理現場勘查，說明工程計畫構想方案、生態影響、因應對策，並蒐集回應相關意見？
□是　□否</td></tr>
<tr><td>五、
資訊公開</td><td>計畫資訊公開</td><td>是否主動將工程計畫內容之資訊公開？
□是　□否</td></tr>
<tr><td rowspan="4">規劃階段</td><td colspan="3">規劃期間：　　年　　月　　日至　　年　　月　　日</td></tr>
<tr><td>一、
專業參與</td><td>生態背景及工程專業團隊</td><td>是否組成含生態背景及工程專業之跨領域工作團隊？
□是　□否</td></tr>
<tr><td>二、
基本資料蒐集調查</td><td>生態環境及議題</td><td>1.是否具體調查掌握自然及生態環境資料？
□是　□否
2.是否確認工程範圍及週邊環境的生態議題與生態保全對象？
□是　□否</td></tr>
<tr><td>三、
生態保育對策</td><td>調查評析、生態保育方案</td><td>是否根據生態調查評析結果，研擬符合迴避、縮小、減輕與補償策略之生態保育對策，提出合宜之工程配置方案？
□是　□否</td></tr>
</table>

階段	項目	考量	檢核內容
規劃階段	四、民眾參與	規劃說明會	是否邀集生態背景人員、相關單位、在地民眾及關心生態議題之民間團體辦理規劃說明會，蒐集整合並溝通相關意見？ □是 □否
	五、資訊公開	規劃資訊公開	是否主動將規劃內容之資訊公開？ □是 □否
設計階段	設計期間： 年 月 日至 年 月 日		
	一、專業參與	生態背景及工程專業團隊	是否組成含生態背景及工程專業之跨領域工作團隊？ □是 □否
	二、設計成果	生態保育措施及工程方案	是否根據生態評析成果提出生態保育措施及工程方案，並透過生態及工程人員之意見往復確認可行性後，完成細部設計。 □是 □否
	三、民眾參與	設計說明會	是否邀集生態背景人員、相關單位、在地民眾及關心生態議題之民間團體辦理設計說明會，蒐集整合並溝通相關意見？ □是 □否
	四、資訊公開	設計資訊公開	是否主動將生態保育措施、工程內容等設計成果之資訊公開？ □是 □否
施工階段	施工期間： 年 月 日至 年 月 日		
	一、專業參與	生態背景及工程專業團隊	是否組成含生態背景及工程背景之跨領域工作團隊？ □是 □否
	二、生態保育措施	施工廠商	1. 是否辦理施工人員及生態背景人員現場勘查，確認施工廠商清楚了解生態保全對象位置？ □是 □否 2. 是否擬定施工前環境保護教育訓練計畫，並將生態保育措施納入宣導。 □是 □否
		施工計畫書	施工計畫書是否納入生態保育措施，說明施工擾動範圍，並以圖面呈現與生態保全對象之相對應位置。 □是 □否

<table>
<tr><td rowspan="3">施工階段</td><td></td><td>生態保育品質管理措施</td><td>1.履約文件是否有將生態保育措施納入自主檢查，並納入其監測計畫？
□是　□否
2.是否擬定工地環境生態自主檢查及異常情況處理計畫？
□是　□否
3.施工是否確實依核定之生態保育措施執行，並於施工過程中注意對生態之影響，以確認生態保育成效？
□是　□否
4.施工生態保育執行狀況是否納入工程督導？
□是　□否</td></tr>
<tr><td>三、
民眾參與</td><td>施工說明會</td><td>是否邀集生態背景人員、相關單位、在地民眾及關心生態議題之民間團體辦理施工說明會，蒐集整合並溝通相關意見？
□是　□否</td></tr>
<tr><td>四、
資訊公開</td><td>施工資訊公開</td><td>是否主動將施工相關計畫內容之資訊公開？
□是　□否</td></tr>
<tr><td rowspan="2">維護管理階段</td><td>一、
生態效益</td><td>生態效益評估</td><td>是否於維護管理期間，定期視需要監測評估範圍之棲地品質並分析生態課題，確認生態保全對象狀況，分析工程生態保育措施執行成效？
□是　□否</td></tr>
<tr><td>二、
資訊公開</td><td>監測、評估資訊公開</td><td>是否主動將監測追蹤結果、生態效益評估報告等資訊公開？
□是　□否</td></tr>
</table>

12-11　工程生態檢核作業查核表

<table>
<tr><td rowspan="3">工程基本資料</td><td>計畫及
工程名稱</td><td colspan="3"></td></tr>
<tr><td>設計單位</td><td></td><td>監造廠商</td><td></td></tr>
<tr><td>主辦機關</td><td></td><td>營造廠商</td><td></td></tr>
</table>

<table>
<tr><td rowspan="5">工程基本資料</td><td>基地位置</td><td>地點：____市（縣）____區（鄉、鎮、市）________里（村）______鄰
TWD97 座標 X：________
Y：________</td><td>工程預算/經費（千元）</td><td></td></tr>
<tr><td>工程目的</td><td colspan="3"></td></tr>
<tr><td>工程類型</td><td colspan="3">□交通、□港灣、□水利、□環保、□水土保持、□景觀、□步道、□建築、□其他____</td></tr>
<tr><td>工程概要</td><td colspan="3"></td></tr>
<tr><td>預期效益</td><td colspan="3"></td></tr>
<tr><th>階段</th><th colspan="2">檢核項目</th><th>是</th><th>否</th></tr>
<tr><td rowspan="2">核定</td><td colspan="2">是否填寫提報核定期間？</td><td>□</td><td>□</td></tr>
<tr><td>一、
專業參與</td><td>是否有生態背景人員參與，協助蒐集調查生態資料、評估生態衝擊、擬定生態保育原則？</td><td>□</td><td>□</td></tr>
<tr><td rowspan="5">核定</td><td rowspan="2">二、
生態資料蒐集調查</td><td>判定區位：□法定自然保護區、□一般區</td><td>□</td><td>□</td></tr>
<tr><td>1.是否有關注物種，如保育類動物、特稀有植物、指標物種、老樹或民俗動植物等？
2.工址或鄰近地區是否有森林、水系、埤塘、溼地及關注物種之棲地分布與依賴之生態系統？</td><td>□
□</td><td>□
□</td></tr>
<tr><td rowspan="3">三、
生態保育原則</td><td>是否有評估生態、環境、安全、經濟及社會等層面之影響，提出對生態環境衝擊較小的工程計畫方案？</td><td>□</td><td>□</td></tr>
<tr><td>針對關注物種、重要棲地及高生態價值區域，是否採取迴避、縮小、減輕或補償策略，減少工程影響範圍？</td><td>□</td><td>□</td></tr>
<tr><td>是否有編列生態調查、保育措施、追蹤監測所需經費？</td><td>□</td><td>□</td></tr>
</table>

核定	四、 民眾參與	是否邀集生態背景人員、相關單位、在地民眾及關心相關議題之民間團體辦理現場勘查，說明工程計畫構想方案、生態影響、因應對策，並蒐集回應相關意見？	□	□
	五、 資訊公開	是否主動將工程計畫內容之資訊公開？	□	□
規劃	是否填寫規劃期間？		□	□
	一、 專業參與	是否組成含生態背景及工程專業之跨領域工作團隊？	□	□
	二、 基本資料蒐集調查	1.是否具體調查掌握自然及生態環境資料？ 2.是否確認工程範圍及週邊環境的生態議題與生態保全對象？	□ □	□ □
	三、 生態保育對策	是否根據生態調查評析結果，研擬符合迴避、縮小、減輕與補償策略之生態保育對策，提出合宜之工程配置方案？	□	□
	四、 民眾參與	是否邀集生態背景人員、相關單位、在地民眾及關心生態議題之民間團體辦理規劃說明會，蒐集整合並溝通相關意見？	□	□
	五、 資訊公開	是否主動將規劃內容之資訊公開？	□	□
設計	是否填寫設計期間？		□	□
	一、 專業參與	是否組成含生態背景及工程專業之跨領域工作團隊？	□	□
	二、 設計成果	是否根據生態評析成果提出生態保育措施及工程方案，並透過生態及工程人員之意見往復確認可行性後，完成細部設計。	□	□
	三、 民眾參與	是否邀集生態背景人員、相關單位、在地民眾及關心生態議題之民間團體辦理設計說明會，蒐集整合並溝通相關意見？	□	□
	四、 資訊公開	是否主動將生態保育措施、工程內容等設計成果之資訊公開？	□	□

施工	是否填寫施工期間？		□	□
	一、 專業參與	是否組成含生態背景及工程背景之跨領域工作團隊？	□	□
	二、 生態保育措施	1.是否辦理施工人員及生態背景人員現場勘查，確認施工廠商清楚了解生態保全對象位置？	□	□
		2.是否擬定施工前環境保護教育訓練計畫，並將生態保育措施納入宣導。	□	□
		施工計畫書是否納入生態保育措施，說明施工擾動範圍，並以圖面呈現與生態保全對象之相對應位置。	□	□
		1.履約文件是否有將生態保育措施納入自主檢查，並納入其監測計畫？	□	□
		2.是否擬定工地環境生態自主檢查及異常情況處理計畫？	□	□
		3.施工是否確實依核定之生態保育措施執行，並於施工過程中注意對生態之影響，以確認生態保育成效？	□	□
		4.施工生態保育執行狀況是否納入工程督導？	□	□
	三、 民眾參與	是否邀集生態背景人員、相關單位、在地民眾及關心生態議題之民間團體辦理施工說明會，蒐集整合並溝通相關意見？	□	□
	四、 資訊公開	是否主動將施工相關計畫內容之資訊公開？	□	□
維護管理	一、 生態效益	是否於維護管理期間，定期視需要監測評估範圍之棲地品質並分析生態課題，確認生態保全對象狀況，分析工程生態保育措施執行成效？	□	□
	二、 資訊公開	是否主動將監測追蹤結果、生態效益評估報告等資訊公開？	□	□

第十三章　其他機關生態檢核

13-1　生態檢核表發展歷程

一、公共工程委員會

公共工程委員會（簡稱工程會）於 2017 年訂定「公共工程生態檢核機制」，同時規範辦理生態檢核作業時，可以依據各機關工程特性參考水利署《水庫集水區工程生態檢核執行參考手冊》、水保局「環境友善措施標準作業書」，以及林務局「國有林治理工程加強生態保育注意事項」作法，研訂各類工程生態檢核執行參考手冊。2019 年將「公共工程生態檢核機制」改爲「公共工程生態檢核注意事項」，經過三次修正，目前使用的生態檢核表爲 2021 年公布的版本。

二、水利署

經濟部水利署自 2009 年起即逐年試辦水庫、中央管河川、區域排水及海岸治理工程快速棲地生態檢核作業，藉由施工前收集區域生態資訊，了解當地環境生態特性、生物棲地或生態敏感區位等，適度運用迴避、縮小、減輕、補償等保育措施，納爲相關工程設計理念，以降低工程對環境生態的衝擊，維持治水與生態保育的平衡。2016 年公告《水庫集水區工程生態檢核執行參考手冊》。隔年前瞻基礎建設——水環境建設，也將工程生態檢核機制融入水岸治理工程。爲了減輕保育治理工程對生態環境造成的負面影響，維護水庫集水區生物多樣性資源與棲地環境品質，2020 年配合公共工程委員會 2019 年修正的「公共工程生態檢核注意事項」，修正《水庫集水區工程生態檢核執行參考手冊》，規範水庫集水區內各類工程依該參考手冊辦理生態檢核。

針對中央管流域的整體改善與調適計畫的生態環境調查，規定各單位應該依據情勢調查相關手冊規定辦理。其中，每三年辦理一次生態固定樣站調查；生態專案調查應納入民眾參與的相關資料，並提出迴避、縮小、減輕及補償等對策，以及每六年辦理更新環境情報地圖。

三、水土保持局

2005 年艾莉颱風侵襲臺灣本島，石門水庫水質長時間混濁，造成連續 18 天供水短缺的窘境，隔年爲了確保石門水庫營運功能、上游集水區水域環境的保育及有效提升其供水能力，保障民眾用水權益，政府制定公布〈石門水庫及其集水區整治特別條例〉（2012 年廢止），明訂石門水庫蓄水範圍與集水區整體環境整治、復育及其供水區內的高濁度原水改善設備興建等相關業務應該先依據環境、生態保育、地貌維護、集水區整體環境復育等要素擬訂整治計畫。因此，農業委員會水土保持局（簡稱水保局）於 2007 年開始研擬石門水庫集水區治理工程的生態保育措施，將生態保育理念融入工程生命週期的勘查、規劃設計及施工等各個階段，同時將生態相關考量製成表格稱「生態檢核表」，由林務局、水保局和水利署填寫。2014 年爲了提升水土保持工程對環境友善程度，減輕工程對環境生態造成的負面影響，維護生物多樣性資源與棲地環境品質，參酌該局的歷年成果，配合工務辦理特性，研擬環境友善措施標準作業書，規範第一類與第二類水土保持工程且位於高度生態敏感區，或保育類棲地、第一級與第二級稀特有植物棲地、當地居民關注的區域，以及經機關指定得辦理環境友善機制者，都必須依據該標準作業程序辦理。2019 年配合公共工程委員會 2017 年訂定的〈公共工程生態檢核機制〉，發布〈生態檢核標準作業書〉，2021 年公布修正版。

四、林務局

農業委員會林務局（簡稱林務局）多年來積極於治理工程中融合生態概念，同時包含水庫集水區保育治理推展生態檢核工作，於2015年修正該局適用的生態檢核表單，於防災治理工程中推行。隔年爲了加強落實生態友善機制，訂頒〈國有林治理工程加強生態保育注意事項〉，並彙整歷年執行生態友善措施的實務經驗歸納爲〈國有林治理工程生態友善機制作業程序〉。2019年，配合工程會2017年訂定的〈公共工程生態檢核機制〉，發布《國有林治理工程生態友善機制手冊》，積極推展環境生態檢核工作，並以迴避、縮小、減輕、補償等生態檢核策略落實工程各階段評估程序，積極維護森林自然生態環境。

五、交通部高速公路局

交通部高速公路局（簡稱高公局）於2019年配合工程會2017年訂定的〈公共工程生態檢核機制〉，發布《高速公路工程生態檢核執行參考手冊》，適用於該局辦理的高速公路新建、拓建及交流道增改建工程。

六、交通部公路總局

交通部公路總局（簡稱公路局）於2022年配合工程會2021年修正的〈公共工程生態檢核注意事項〉，修正發布《省道公路工程生態檢核執行參考手冊》，適用於該局應辦理環境影響評估的公路工程，以及工程建造經費新台幣二億元以上或長度一公里以上的公路新建、拓寬工程。

七、交通部鐵路局

交通部鐵路局（簡稱鐵路局）於2020年配合工程會2020年修正的〈公共工程生態檢核注意事項〉，修正發布《鐵路工程生態檢核執行手冊》，適用於該局辦理的公共工程。

八、教育部

教育部於 2020 年配合工程會 2020 年修正的〈公共工程生態檢核注意事項〉，公布〈教育部公共工程生態檢核落實執行計畫〉，適用於該部辦理的公共工程。教育部公共工程生態檢核自評表沿用工程會的制式表格。

13-2 各機關的工程生態檢核自評表差異

工程會的〈公共工程生態檢核注意事項〉規定各工程計畫中央目的事業主管機關應依工程規模及性質，訂定符合機關工程特性的生態檢核機制；另經其認定可簡化生態檢核作業時，得合併辦理不同階段的檢核作業。除了教育部的公共工程生態檢核自評表沿用工程會的自評表外，各個中央目的事業主管機關的自評表都有些差異。

水利工程快速棲地生態評估作業主要適用於河川和區域排水工程的生態評估以及生態友善策略或措施的調查，針對水的特性、水陸域過渡帶及底質特性和生態特性等 3 項特性評分並加總，同時對照未來擬採取生態友善策略或措施的總分，據以判斷該工程所採取的生態友善策略或措施是否足以減輕工程對生態環境的衝擊。保全對象明確，不需要重複填列。

石門水庫集水區保育治理工程生態檢核作業是林務局、水保局和水利署等 3 個機關為了因應 2005 年艾利颱風造成石門水庫水質混濁導致 18 天供水短缺的問題，在執行水庫集水區保育治理工程的同時，融入生態保育理念，以及在勘查、規劃設計及施工等各個階段採行生態保育措施。因此，除了特別有災害原因欄位外，工程類型則包含 3 個機關的工程業務類型，如源頭處理工程、坡地保育工程、道路水土保持、土石災害復育工程、崩塌地處理工程、災害復建工程（含搶修搶險）等項目。

石門水庫集水區保育治理工程生態檢核沒有計畫核定階段，只有規劃、設計、施工和維護管理等 4 個階段。4 個階段的生態檢核資料包含生態保育議題（含棲地生態環境與生物多樣性）、生態專業諮詢（含生態專業諮商與環保團體訪談）、資料蒐集（含土地使用管理與環境生態資訊）、現場勘查（含現勘訪查與問題探討）、民眾參與（含參與對象、參與項目與意見處理）、生態調查（含棲地調查與棲地影像紀錄）、生態評析（含工程棲地生態影響與人文社會生態影響）、資訊公開（含主動與被動公開）、保育措施（含保育對策、工法研選與棲地改善）、效益評核（生態衝擊預測分析、適宜性分析與成效綜合檢討分析）等 10 個項目。

環境友善檢核爲水保局於 2014 年爲了提升水土保持工程對環境友善程度，減輕工程對環境生態造成的負面影響，維護生物多樣性資源與棲地環境品質而大力推動的生態檢核作業。因此，要求設計和施工階段的設計、監造和承攬廠商執行生態保育的自主檢查，以及監造單位的抽查。

水庫集水區保育治理工程生態檢核表和國有林治理工程生態友善機制檢核表沒有規劃階段的生態檢核作業。

國有林治理工程生態友善機制檢核表單獨列出資訊公開項目。

公路局生態檢核自評表比其他機關多一個環評階段檢核。

一、工程基本資料

工程會公共工程生態檢核自評表的工程基本資料包含計畫及工程名稱、設計單位、監造廠商、主辦機關、營造廠商、基地位置、工程預算／經費（千元）、工程目的、工程類型、工程概要和預期效益等 11 項。

（一）基地位置

1. 定點工程：工程會的基地位置版本以定點工程爲主，基地位置須塡列至鄰里。
2. 線狀工程：如河川、區域排水的水利工程快速棲地生態，因爲可能跨越鄰里，就以行政區和水系名稱塡列。

（二）工程類型

1. 水利署的水庫集水區保育治理工程與平地河川的治理工程類型不同，

除了溪流整治外，還包括自然復育、坡地整治、清淤疏通和結構物改善等項。

2. 水保局的工程類型則有土石流防治、崩塌地處理、蝕溝控制、野溪治理、坡地排水、沉砂滯洪與野溪清疏等選項。
3. 林務局的工程類型則是自然復育、坡地整治、溪流整治、清淤疏通和結構物改善等項。
4. 工程會的工程類型包含交通、港灣、水利、環保、水土保持、景觀、步道和建築等選項，高公局的工程類型則是捨去建築，保留其餘選項。
5. 公路局由於主要業務爲道路修築、改善和養護，沒有工程類型選項。
6. 鐵路局和教育部公共工程的工程類型比照工程會的工程類型。

（三）預期效益

1. 石門水庫集水區保育治理工程生態檢核的保全對象包含：
   (1) 民眾：社區、學校或部落。
   (2) 產業：農作物或果園。
   (3) 交通：橋梁或道路。
   (4) 生態：森林、溪流、山坡地或生物棲地。
   (5) 水保設施。
   (6) 水利設施：水庫、攔砂壩或堤防。
2. 水庫集水區保育治理工程生態檢核的保全對象除了民眾、產業和交通等 3 個子項和石門水庫集水區保育治理工程生態檢核一樣外，刪去生態、水保設施等 2 個子項。水利設施改爲工程設施，將堤防變更爲固床設施或護岸，亦即工程設施：水庫、攔砂壩、固床設施或護岸。
3. 國有林治理工程生態友善機制檢核的保全對象除了民眾子項和石門水庫集水區保育治理工程生態檢核一樣外，其餘子項則是針對機關業務調整：
   (1) 產業：農作物、果園或林地。

(2) 交通：橋梁、道路或箱涵。

(3) 工程設施：水庫、攔砂壩、固床設施或護岸。

由於水利、水保和森林等機關的預期效益以維護保全對象的生命財產安全，因此，預期效益以保全對象爲主要內容。工程類型較爲專業，因此，捨棄工程會的工程類型欄位。

二、工程計畫核定階段

工程會公共工程生態檢核自評表工程計畫核定階段的檢核項目，除了填列提報核定起訖時間外，尚包含專業參與、生態資料蒐集調查（包含地理位置、關注物種、重要棲地及高生態價值區域）、生態保育原則（包含方案評估、採用策略和經費編列）、民眾參與和資訊公開等 5 個項目。

1. 水庫集水區保育治理工程生態檢核表、國有林治理工程生態友善機制檢核表核定階段包含起訖時間和生態評估 2 個項目。
2. 除了沒有起訖時間外，高公局與鐵路局比照工程會檢核項目；公路局也是比照工程會檢核項目，沒有以細項表列。

三、規劃階段

工程會公共工程生態檢核自評表規劃階段的檢核項目，除了填列提報規劃起訖時間外，尚包含專業參與、基本資料蒐集調查、生態保育對策、民眾參與和資訊公開等 5 個項目。

1. 水庫集水區保育治理工程生態檢核表包含規劃起訖時間、團隊組成、生態評析、民眾參與與保育對策等項目。
2. 除了沒有起訖時間外，高公局比照工程會檢核項目，再增加文件記錄一個項目，亦即專業參與、基本資料蒐集調查、生態保育對策、民眾參與、資訊公開和文件紀錄等項目；公路局則是包含規劃起訖時間、團隊組成、生態評析、保育對策與資訊公開等項目。

3. 鐵路局比照工程會檢核項目。

四、設計階段

工程會公共工程生態檢核自評表設計階段的檢核項目，除了填列提報核定起訖時間外，尚包含專業參與、設計成果、民眾參與和資訊公開等 4 個項目。

1. 水庫集水區保育治理工程生態檢核表包含設計起訖時間、團隊組成、生態評析、民眾參與與保育對策等項目。
2. 國有林治理工程生態友善機制檢核表包含設計起訖時間、團隊組成、生態評析、民眾參與與友善對策等項目。
3. 除了沒有起訖時間和民眾參與外，高公局比照工程會檢核項目，再增加文件記錄一個項目，亦即專業參與、設計成果、資訊公開和文件記錄等 4 個項目。
4. 公路局則是包含設計起訖時間、專業參與、設計成果、和資訊公開，增加施工前監測項目；沒有民眾參與。
5. 除了沒有民眾參與外，鐵路局比照工程會檢核項目。

五、施工階段

工程會公共工程生態檢核自評表施工階段的檢核項目，除了填列提報核定起訖時間外，尚包含專業參與、生態保育措施（包含施工廠商、施工計畫書和生態保育品質管理措施）、民眾參與和資訊公開等 4 個項目。

1. 水庫集水區保育治理工程生態檢核表包含施工起訖時間、團隊組成、民眾參與、生態監測及狀況處理和保育措施執行情況等項目。
2. 國有林治理工程生態友善機制檢核表包含施工起訖時間、團隊組成、民眾參與、生態監測及狀況處理、友善措施執行情況和自主檢查表等項目。

3. 除了沒有起訖時間外，高公局比照工程會檢核項目。
4. 公路局的檢核表包含施工起訖時間、專業參與、生態保育措施、資訊公開等，沒有民眾參與。
5. 鐵路局比照工程會檢核項目。

六、維護管理階段

工程會公共工程生態檢核自評表工程爲護管理階段的檢核項目，包含生態效益和資訊公開等 2 個項目。

1. 水庫集水區保育治理工程生態檢核表與國有林治理工程生態友善機制檢核表都包含維護管理起訖時間、基本資料和生態評析等項目。
2. 高公局、公路局和鐵路局比照工程會檢核項目。

13-3　水利工程快速棲地生態評估表

爲了達到簡易、快速、非專業生態人員可執行的河川、區域排水工程生態評估爲目的，考量生態系統多樣性的河川、區排等水利工程設計的原則性檢核，水利署採用修正後的水利工程快速棲地生態評估表。評估表主要內容如下：

一、水的特性

（一）水域型態多樣性

1. 水域型態：淺流、淺瀨、深流、深潭、岸邊緩流與其他選項。
2. 可行策略或措施：增加水流型態多樣化、避免施作大量硬體設施、增加水流自然擺盪的機會、縮小工程量體或規模、進行河川（區排）情勢調查中的專題或專業調查、避免全斷面流速過快、增加棲地水深與其他選項。

（二）水域廊道連續性

1. 受到工程影響廊道連續性的阻斷情形。
2. 可行策略或措施：降低橫向結構物高差、避免橫向結構物完全橫跨斷面、縮減橫向結構物體量體或規模、維持水路蜿蜒與其他選項。

（三）水質

1. 異常現象：濁度太高、味道有異味與優養情形（水面有浮藻類）。
2. 可行策略或措施：維持水量充足、維持水路洪枯流量變動、調整設計，增加水深、檢視區域內各事業放流水是否符合放流水標準、調整設計，增加水流曝氣機會、建議進行河川區排情勢調查的簡易水質調查監測與其他選項。

二、水陸域過渡帶及底質特性

（一）水陸域過渡帶

1. 水陸域接界處的裸露面積佔總面積的比率。
2. 控制水路兩側的結構物與植物組成。
3. 可行策略或措施：增加低水流路施設、增加構造物表面孔隙、粗糙度、增加植生種類與密度、減少外來種植物數量、維持重要保全對象（大樹或完整植被帶等）與其他選項。

（二）溪濱廊道連續性

1. 溪濱廊道自然程度：人工構造物或其他護岸及植栽工程與廊道連接性遭阻斷比率。
2. 可行策略或措施：標示重要保全對象（大樹或完整植被帶等）、縮減工程量體或規模、建議進行河川區排情勢調查中的專題或專業調查、增加構造物表面孔隙、粗糙度、增加植生種類與密度、增加生物通道或棲地營造、降低縱向結構物的邊坡（緩坡化）與其他選項。

（三）底質多樣性

1. 河段內河床底質（漂石、圓石、卵石、礫石）。
2. 可行策略或措施：維持水路洪枯流量變動，以維持底質適度變動與更新、減少集水區內的不當土砂來源（如，工程施作或開發是否採用集水區外的土砂材料等）、增加渠道底面透水面積比率、減少高濁度水流流入與其他選項。

三、生態特性

（一）水生動物豐多度（原生或外來）

1. 出現種類數量：水棲昆蟲、螺貝類、蝦蟹類、魚類、兩棲類與爬蟲類。指標生物：臺灣石鮒或田蚌。
2. 可行策略或措施：縮減工程量體或規模、調整設計，增加水深、移地保育（需確認目標物種）、建議進行河川區排情勢調查的簡易自主生態調查監測與其他選項。

（二）水域生產者

1. 水的透明度與顏色。
2. 可行策略或措施：避免施工方法及過程造成濁度升高、調整設計，增加水深、維持水路洪枯流量變動、檢視區域內各事業放流水是否符合放流水標準、增加水流曝氣機會、建議進行河川區排情勢調查的簡易水質調查監測與其他選項。

13-4 生態檢核標準作業

一、生態檢核標準作業書的分級制度

生態檢核流程依生態情報所涉議題，分爲如下 2 個等級：

第 1 級：工區涉及高度生態敏感或學術民間關注議題時，應有生態團隊配合辦理生態檢核作業。

第 2 級：工區尚未涉及高度生態敏感或學術民間關注議題時，得由工程執行機關、設計、監造及施工人員等依生態資料庫及生態團隊通案輔導進行自主檢核作業。

屬第 2 級檢核者，工程執行機關得邀請生態團隊專案輔導工程人員進行自主檢核，強化檢核作業（強化 2 級）。

工程審（查）議時得審酌生態情報完整度、棲地生態環境、生態團隊或民眾參與的建議、經費及人力條件等綜合因素調整檢核分級。

二、檢核流程

（一）提報審議階段分級辦理內容

第 1 級檢核

執行單位	辦理內容及流程	表單
生態團隊	1.協助釐清生態議題 2.記錄生態環境現況 3.評估工程對生態之影響 4.指認生態保護對象範圍 5.研擬生態友善原則及建議 6.提供民眾參與建議及配合辦理相關會議或現勘 7.提報右列表單送工程執行機關彙整	1.生態初評表 2.生態輔導或相關意見摘要表 3.民眾參與紀錄表
水保局本局及各分局	1.就預定工程所涉生態議題進行評估與初步分級 2.通知生態團隊辦理生態初評作業 3.召集民眾參與平台會議或現勘 4.提送工程審查（議）時須附右列表單，確認符合辦理原則及檢核等級後，始得進行工程設計	1.工程勘查紀錄表 2.生態情報查詢成果表（由資料庫產出） 3.生態初評表（生態團隊提供） 4.生態輔導或相關意見摘要表（生態團隊提供） 5.民眾參與紀錄表（生態團隊提供）

第 2 級檢核

執行單位	辦理內容及流程	表單
水保局本局及各分局	1.就預定工程所涉生態議題進行評估與初步分級 2.提送工程審查（議）時須附右列表單，確認符合辦理原則及檢核等級後，始得進行工程設計	1.工程勘查紀錄表 2.生態情報查詢成果表

（二）設計階段

第 1 級檢核之基本設計

執行單位	辦理內容及流程	檢核表單
工程執行機關	1.與設計單位及生態團隊共同釐清生態情報議題、研議生態保育策略及友善措施 2.邀集相關單位及民眾參與現勘及討論工程方案	
設計單位	1.將討論後擬定之生態友善措施納入基本設計書圖 2.各項生態友善措施逐一核對填寫右列表 1，並據以擬定右列表 2 及表 3 之施工期間生態保育措施監測項目及標準 3.將右列表單併同基本設計書圖於契約規定期限內送工程執行機關審查	1.工程友善設計檢核表 2.工程友善措施自主檢查表 3.工程友善措施抽查表
生態團隊	1.綜整各方生態情報議題（含機關提供、民眾反映、媒體報導、提報審議階段生態相關意見等） 2.提供民眾參與建議及配合辦理相關會議或現勘 3.現勘檢視工區周邊生態環境現況 4.指認生態保護對象	1.生態評估建議表 2.生態輔導或相關意見摘要表 3.民眾參與紀錄表

執行單位	辦理內容及流程	檢核表單
	5.就工程初步方案提供相應之生態影響及生態友善措施等相關意見 6.填報右列表單，交由設計人員納入設計考量，併同基本設計書圖提送審查	

第1級檢核之預算書編製

執行單位	辦理內容及流程	檢核表單
設計單位	1.將已確認可行之生態友善措施納入設計方案，標示於工程圖說、發包文件與施工規範 2.依水保局「工程採購契約範本」生態檢核之懲罰性違約金標準，確認履約標準與罰則 3.將各項生態友善措施逐一核對填寫右列表1，並據以擬定右列表2及表3之施工期間生態保育措施監測項目及標準 4.將右列表單併同預算書圖送工程執行機關審查 5.工程決標後將右列表單提供監造單位與施工廠商使用	1.工程友善設計檢核表 2.工程友善措施自主檢查表 3.工程友善措施抽查表
生態團隊	1.進行棲地環境生態評估 2.研擬生態影響預測及友善措施建議 3.研提施工期間生態保育措施監測計畫內容 4.輔導設計單位填寫設計檢核表及訂定施工期間生態保育措施監測項目與標準 5.填報右列表單，於細部設計前提供設計人員納入設計考量，併同預算書圖送工程執行機關審查	1.生態評估建議表 2.生態輔導或相關意見摘要表 3.民眾參與紀錄表

第2級檢核之基本設計

執行單位	辦理內容及流程	檢核表單
工程執行機關	1.與設計單位及生態團隊共同釐清生態情報議題、研議生態保育策略及友善措施 2.評估邀集相關單位及民眾參與現勘及討論工程方案	
設計單位	1.綜整各方生態情報議題（含機關提供、生態團隊輔導、民眾反映、媒體報導等），參酌棲地現況與工程特性，研擬對應之處理方式及友善措施 2.將研擬之生態友善措施納入基本設計書圖 3.各項生態友善措施逐一核對填寫右列表1，並據以擬定右列表2及表3之施工期間生態保育措施監測項目及標準 4.將右列表單併同基本設計書圖於契約規定期限內送工程執行機關審查	1.工程友善設計檢核表 2.工程友善措施自主檢查表 3.工程友善措施抽查表
生態團隊	1.協助釐清生態議題、指認生態保護對象範圍、研判工程可能影響及提供生態相關意見 2.輔導設計單位填寫設計檢核表及訂定施工期間生態保育措施監測項目與標準 3.將右列文件交由設計單位併同工程友善設計檢核表送工程執行機關審查	生態輔導或相關意見摘要表

第2級檢核之預算書編製

執行單位	辦理內容及流程	檢核表單
設計單位	1.將已確認可行之生態友善措施納入設計方案，標示於工程圖說、發包文件與施工規範	1.工程友善設計檢核表 2.工程友善措施自主檢查表

執行單位	辦理內容及流程	檢核表單
	2.依本局「工程採購契約範本」生態檢核之懲罰性違約金標準，確認履約標準與罰則 3.將各項生態友善措施逐一核對填寫右列表1，並據以擬定右列表2及表3之施工期間生態保育措施監測項目及標準 4.將右列表單併同預算書圖送工程執行機關審查 5.工程決標後將右列表單提供監造單位與施工廠商使用	3.工程友善措施抽查表

（三）施工階段

第1級檢核之開工前

執行單位	辦理內容及流程	檢核表單
工程執行機關	1.通知監造單位等進行生態友善措施確認 2.確認生態團隊之「生態友善措施告知單」內容後交付工地負責人宣導及張貼 3.評估需要邀集相關單位及民眾參與現勘及討論工程方案	
監造單位	1.確認工程圖說、發包文件、施工規範及「工程友善設計檢核表」中的生態保護對象與友善措施 2.參採民眾與生態相關意見，邀設計單位、施工廠商及生態團隊共同確認及填寫右列表單後，併同監造計畫書提交工程執行機關	1.工程友善措施確認表 2.工程友善措施抽查表
施工廠商	1.確認工程圖說、發包文件與施工規範中的生態保護對象與友善措施	工程友善措施自主檢查表

執行單位	辦理內容及流程	檢核表單
	2.確認右列表單應實施事項後，併同施工計畫書提交 3.依工程執行機關交付之「生態友善措施告知單」所訂事項向施工人員宣導，並張貼於工地明顯處	
生態團隊	1.生態情報蒐集釐清 2.即時提供民眾參與及生態相關建議 3.與監造單位及施工廠商共同確認生態團隊所訂生態保育措施監測計畫及監造、施工廠商所訂施工期間各項工程友善措施及生態保育監測項目與標準 4.填寫生態保育措施監測計畫確認表並與監造單位及工地負責人確認後交由監造單位併同監造計畫書及施工計畫書提交工程執行機關 5.研提施工人員須遵行之生態友善措施與作爲後，填寫生態友善措施告知單送工程執行機關確認後交付施工廠商	1.生態保育措施監測計畫確認表 2.生態友善措施告知單

第 1 級檢核之施工期間

執行單位	辦理內容及流程	檢核表單
工程執行機關	1.督導監造及施工廠商依工程圖說、發包文件與施工規範中的生態保護對象與友善措施落實執行 2.發現異常狀況時，與施工廠商、監造單位及生態團隊，共同商議及裁示處理方案	
監造單位	1.監督施工廠商依工程圖說、發包文件與施工規範中的生態保護對象與友善措施落實執行	工程友善措施抽查表

執行單位	辦理內容及流程	檢核表單
	2.發現異常狀況時，通報施工廠商、工程執行機關及生態團隊，共同商議及協助處理 3.相關過程紀錄於右列表單，併同監造日誌提交	
施工廠商	1.依工程圖說、發包文件與施工規範中的生態保護對象與友善措施落實執行 2.發現異常狀況時，通報監造單位、工程執行機關及生態團隊，共同商議及處理 3.相關過程紀錄於右列表單，併同施工日誌提交	工程友善措施自主檢查表
生態團隊	1.依生態保育措施監測計畫執行棲地調查、評估、生態保護對象及生態友善措施落實情形之追蹤與記錄 2.發現異常狀況時，通報施工廠商、監造單位及工程執行機關，共同商議及協助處理 3.配合辦理民眾參與會議或現勘 4.生態情報回傳 5.回顧及綜整工程各階段生態檢核執行情形 6.填寫右列表單，於竣工前交予監造人員	1.生態保育措施監測紀錄表 2.生態輔導或相關意見摘要表 3.民眾參與紀錄表

第1級檢核之完工階段

執行單位	辦理內容及流程	檢核表單
工程執行機關	1.依工程驗收程序逐一檢查生態保護對象保留、完整或存活，生態友善措施實施是否依約執行，至保固期結束 2.若未依約執行，則裁示補救方案，無法補救則依約扣罰違約金	

執行單位	辦理內容及流程	檢核表單
監造單位	將竣工圖表及右列表單一併提交工程執行機關	1.生態保育措施監測紀錄表（生態團隊提供） 2.生態輔導或相關意見摘要表 3.民眾參與紀錄表
施工廠商	如經工程執行機關發現未依約執行，並裁示採取補救方案時，應確實執行改善	

第2級檢核之開工前

執行單位	辦理內容及流程	檢核表單
工程執行機關	1.通知監造單位等進行生態友善措施確認 2.評估需要邀集相關單位及民眾參與現勘及討論工程方案	
監造單位	1.確認工程圖說、發包文件、施工規範及「工程友善設計檢核表」中的生態保護對象與友善措施 2.參採相關意見，邀設計單位、施工廠商共同確認及填寫右列表單後，併同監造計畫書提交工程執行機關	1.工程友善措施確認表 2.工程友善措施抽查表
施工廠商	1.確認工程圖說、發包文件與施工規範中的生態保護對象與友善措施 2.確認右列表單應實施事項後，併同施工計畫書提交	工程友善措施自主檢查表

第2級檢核之施工期間

執行單位	辦理內容及流程	檢核表單
工程執行機關	1.督導監造及施工廠商依工程圖說、發包文件與施工規範中的生態保護對象與友善措施落實執行	

執行單位	辦理內容及流程	檢核表單
	2.發現異常狀況時，與施工廠商、監造單位共同商議及裁示處理方案	
監造單位	1.監督施工廠商依工程圖說、發包文件與施工規範中的生態保護對象與友善措施落實執行 2.發現異常狀況時，通報施工廠商、工程執行機關共同商議及協助處理 3.相關過程紀錄於右列表單，併同監造日誌提交	工程友善措施抽查表
施工廠商	1.依工程圖說、發包文件與施工規範中的生態保護對象與友善措施落實執行 2.發現異常狀況時，通報監造單位、工程執行機關共同商議及處理 3.相關過程紀錄於右列表單，併同施工日誌提交	工程友善措施自主檢查表

第 2 級檢核之完工階段

執行單位	辦理內容及流程	檢核表單
工程執行機關	1.依工程驗收程序逐一檢查生態保護對象保留、完整或存活，生態友善措施實施是否依約執行，至保固期結束 2.若未依約執行，則裁示補救方案，無法補救則依約扣罰違約金	
監造單位	將竣工圖表提交工程執行機關	
施工廠商	如經工程執行機關發現未依約執行，並裁示採取補救方案時，應確實執行改善	

維護管理階段

執行單位	辦理內容及流程	檢核表單
工程執行機關	1.得於完工後 2 至 5 年期間或有民眾通報生態議題時，評估已完工工區之環境生態衝擊程度與棲地生態回復情形，確認生態保護對象狀況，分析工程生態友善措施執行成效等 2.經評估爲環境生態衝擊程度高時，必要時採取補償或改善對策 3.前項評估、確認、分析、對策研擬等作業，得視環境生態衝擊程度或現場實際需要，委託生態團隊辦理生態復育評析，並得邀請關注之民眾共同參與	
生態團隊	1.工程及生態相關資料蒐集 2.棲地環境生態評估 3.課題分析與建議 4.提供民眾參與建議 5.生態情報回傳 6.填報右列表單，送委託單位備查及研處	1.生態復育評析表 2.生態輔導或相關意見摘要表 3.民眾參與紀錄表

三、各類表格

1. 提報審議階段：生態初評表。

2. 設計階段：生態評估建議表。

3. 設計階段：工程友善設計檢核表。

4. 開工前：工程友善措施確認表。

5. 開工前：生態保育措施監測計畫確認表。

6. 開工前：生態友善措施告知單。

7. 工程友善措施自主檢查表（設計、開工前、施工期間）。

8. 工程友善措施抽查表（設計、開工前、施工期間）。

9. 施工階段：生態保育措施監測紀錄表。
10. 維護管理階段：生態復育評析表。
11. 生態輔導或相關意見摘要表（提審、設計、施工、維管）。
12. 民眾參與紀錄表（提審、設計、施工、維管）。

13-5 各機關的工程生態檢核自評表

一、公共工程生態檢核自評表

<table>
<tr><td rowspan="8">工程基本資料</td><td>計畫及工程名稱</td><td colspan="3"></td></tr>
<tr><td>設計單位</td><td></td><td>監造廠商</td><td></td></tr>
<tr><td>主辦機關</td><td></td><td>營造廠商</td><td></td></tr>
<tr><td>基地位置</td><td>地點：____市（縣）____區（鄉、鎮、市）______里（村）______鄰
TWD97座標X：________
Y：________</td><td>工程預算/經費（千元）</td><td></td></tr>
<tr><td>工程目的</td><td colspan="3"></td></tr>
<tr><td>工程類型</td><td colspan="3">□交通、□港灣、□水利、□環保、□水土保持、□景觀、□步道、□建築、□其他____</td></tr>
<tr><td>工程概要</td><td colspan="3"></td></tr>
<tr><td>預期效益</td><td colspan="3"></td></tr>
</table>

<table>
<tr><th>階段</th><th>檢核項目</th><th>評估內容</th><th>檢核事項</th></tr>
<tr><td rowspan="9">工程計畫核定階段</td><td colspan="3">提報核定期間：　年　月　日至　年　月　日</td></tr>
<tr><td>一、
專業參與</td><td>生態背景人員</td><td>1.是否有生態背景人員參與，協助蒐集調查生態資料、評估生態衝擊、擬定生態保育原則？
□是　□否</td></tr>
<tr><td rowspan="2">二、
生態資料蒐集調查</td><td>地理位置</td><td>區位：□法定自然保護區、□一般區
（法定自然保護區包含自然保留區、野生動物保護區、野生動物重要棲息環境、國家公園、國家自然公園、國有林自然保護區、國家重要溼地、海岸保護區等。）</td></tr>
<tr><td>關注物種、重要棲地及高生態價值區域</td><td>1.是否有關注物種，如保育類動物、特稀有植物、指標物種、老樹或民俗動植物等？
□是＿＿＿＿＿＿＿＿
□否
2.工址或鄰近地區是否有森林、水系、埤塘、溼地及關注物種之棲地分布與依賴之生態系統？
□是＿＿＿＿＿＿＿＿
□否</td></tr>
<tr><td rowspan="3">三、
生態保育原則</td><td>方案評估</td><td>是否有評估生態、環境、安全、經濟及社會等層面之影響，提出對生態環境衝擊較小的工程計畫方案？
□是　□否</td></tr>
<tr><td>採用策略</td><td>1.針對關注物種、重要棲地及高生態價值區域，是否採取迴避、縮小、減輕或補償策略，減少工程影響範圍？
□是＿＿＿＿＿＿＿＿
□否</td></tr>
<tr><td>經費編列</td><td>是否有編列生態調查、保育措施、追蹤監測所需經費？
□是＿＿＿＿＿＿＿＿
□否</td></tr>
</table>

階段	項目	內容	檢核事項
工程計畫核定階段	四、民眾參與	現場勘查	是否邀集生態背景人員、相關單位、在地民眾及關心相關議題之民間團體辦理現場勘查，說明工程計畫構想方案、生態影響、因應對策，並蒐集回應相關意見？ □是　□否
	五、資訊公開	計畫資訊公開	是否主動將工程計畫內容之資訊公開？ □是　□否
規劃階段	規劃期間：　年　月　日至　年　月　日		
	一、專業參與	生態背景及工程專業團隊	是否組成含生態背景及工程專業之跨領域工作團隊？ □是　□否
	二、基本資料蒐集調查	生態環境及議題	1. 是否具體調查掌握自然及生態環境資料？ □是　□否 2. 是否確認工程範圍及周邊環境的生態議題與生態保全對象？ □是　□否
	三、生態保育對策	調查評析、生態保育方案	是否根據生態調查評析結果，研擬符合迴避、縮小、減輕與補償策略之生態保育對策，提出合宜之工程配置方案？ □是　□否
	四、民眾參與	規劃說明會	是否邀集生態背景人員、相關單位、在地民眾及關心生態議題之民間團體辦理規劃說明會，蒐集整合並溝通相關意見？ □是　□否
	五、資訊公開	規劃資訊公開	是否主動將規劃內容之資訊公開？ □是　□否
設計階段	設計期間：　年　月　日至　年　月　日		
	一、專業參與	生態背景及工程專業團隊	是否組成含生態背景及工程專業之跨領域工作團隊？ □是　□否
	二、設計成果	生態保育措施及工程方案	是否根據生態評析成果提出生態保育措施及工程方案，並透過生態及工程人員之意見往復確認可行性後，完成細部設計。 □是　□否

<table>
<tr><td rowspan="2">設計階段</td><td>三、
民眾參與</td><td>設計說明會</td><td>是否邀集生態背景人員、相關單位、在地民眾及關心生態議題之民間團體辦理設計說明會，蒐集整合並溝通相關意見？
□是　□否</td></tr>
<tr><td>四、
資訊公開</td><td>設計資訊公開</td><td>是否主動將生態保育措施、工程內容等設計成果之資訊公開？
□是　□否</td></tr>
<tr><td rowspan="6">施工階段</td><td colspan="3">施工期間：　年　月　日至　年　月　日</td></tr>
<tr><td>一、
專業參與</td><td>生態背景及工程專業團隊</td><td>是否組成含生態背景及工程背景之跨領域工作團隊？
□是　□否</td></tr>
<tr><td rowspan="3">二、
生態保育措施</td><td>施工廠商</td><td>1.是否辦理施工人員及生態背景人員現場勘查，確認施工廠商清楚了解生態保全對象位置？
□是　□否
2.是否擬定施工前環境保護教育訓練計畫，並將生態保育措施納入宣導。
□是　□否</td></tr>
<tr><td>施工計畫書</td><td>施工計畫書是否納入生態保育措施，說明施工擾動範圍，並以圖面呈現與生態保全對象之相對應位置。
□是　□否</td></tr>
<tr><td>生態保育品質管理措施</td><td>1.履約文件是否有將生態保育措施納入自主檢查，並納入其監測計畫？
□是　□否
2.是否擬定工地環境生態自主檢查及異常情況處理計畫？
□是　□否
3.施工是否確實依核定之生態保育措施執行，並於施工過程中注意對生態之影響，以確認生態保育成效？
□是　□否
4.施工生態保育執行狀況是否納入工程督導？
□是　□否</td></tr>
</table>

施工階段	三、民眾參與	施工說明會	是否邀集生態背景人員、相關單位、在地民眾及關心生態議題之民間團體辦理施工說明會，蒐集整合並溝通相關意見？ □是　□否
	四、資訊公開	施工資訊公開	是否主動將施工相關計畫內容之資訊公開？ □是　□否
維護管理階段	一、生態效益	生態效益評估	是否於維護管理期間，定期視需要監測評估範圍之棲地品質並分析生態課題，確認生態保全對象狀況，分析工程生態保育措施執行成效？ □是　□否
	二、資訊公開	監測、評估資訊公開	是否主動將監測追蹤結果、生態效益評估報告等資訊公開？ □是　□否

二、水利工程快速棲地生態評估表（河川、區域排水）

① 基本資料	紀錄日期		填表人	
	水系名稱		行政區	____市（縣）____區
	工程名稱		工程階段	□計畫提報階段 □調查設計階段 □施工階段
	調查樣區		位置座標（TW97）	X：________ Y：________
	工程概述			
② 現況圖	□定點連續周界照片　□工程設施照片　□水域棲地照片　□水岸及護坡照片　□水棲生物照片　□相關工程計畫索引圖　□其他________			

<table>
<tr><th colspan="2">類別</th><th>③
評估因子勾選</th><th>④
評分</th><th>⑤
未來可採行的生態友善策略或措施</th></tr>
<tr><td rowspan="4">水的特性</td><td rowspan="3">(A)水域型態多樣性</td><td>Q：您看到幾種水域型態？（可複選）
□淺流、□淺瀨、□深流、□深潭、□岸邊緩流、□其他
（什麼是水域型態？詳表A-1水域型態分類標準表）</td><td rowspan="3"></td><td rowspan="3">□增加水流型態多樣化
□避免施作大量硬體設施
□增加水流自然擺盪之機會
□縮小工程量體或規模
□進行河川（區排）情勢調查中的專題或專業調查
□避免全斷面流速過快
□增加棲地水深
□其他＿＿＿＿＿＿</td></tr>
<tr><td>評分標準：
（詳參照表A項）
□水域型態出現4種以上：10分
□水域型態出現3種：6分
□水域型態出現2種：3分
□水域型態出現1種：1分
□同上，且水道受人工建造物限制，水流無自然擺盪之機會：0分</td></tr>
<tr><td>生態意義：檢視現況棲地的多樣性狀態</td></tr>
<tr><td>(B)水域廊道連續性</td><td>Q：您看到水域廊道狀態（沿著水流方向的水流連續性）爲何？
評分標準：
（詳參照表B項）
□仍維持自然狀態：10分
□受工程影響廊道連續性未遭受阻斷，主流河道型態明顯呈穩定狀態：6分
□受工程影響廊道連續性未遭受阻斷，主流河道型態未達穩定狀態：3分</td><td></td><td>□降低橫向結構物高差
□避免橫向結構物完全橫跨斷面
□縮減橫向結構物體量體或規模
□維持水路蜿蜒
□其他＿＿＿＿＿＿</td></tr>
</table>

<table>
<tr><th colspan="2">類別</th><th>③
評估因子勾選</th><th>④
評分</th><th>⑤
未來可採行的生態友善策略或措施</th></tr>
<tr><td rowspan="2">水的特性</td><td rowspan="2">(B)水域廊道連續性</td><td>□廊道受工程影響連續性遭阻斷，造成上下游生物遷徙及物質傳輸困難：1 分
□同上，且橫向結構物造成水量減少（如伏流）：0 分</td><td></td><td></td></tr>
<tr><td>生態意義：檢視水域生物可否在水路上中下游的通行無阻</td><td></td><td></td></tr>
<tr><td rowspan="3">水的特性</td><td rowspan="3">(C)水質</td><td>Q：您看到聞到的水是否異常？（異常的水質指標如下，可複選）
□濁度太高、□味道有異味、□優養情形（水表有浮藻類）</td><td rowspan="3"></td><td rowspan="3">□維持水量充足
□維持水路洪枯流量變動
□調整設計，增加水深
□檢視區域內各事業放流水是否符合放流水標準
□調整設計，增加水流曝氣機會
□建議進行河川區排情勢調查之簡易水質調查監測
□其他＿＿＿＿＿＿＿＿</td></tr>
<tr><td>評分標準：
（詳參照表 C 項）
□皆無異常，河道具曝氣作用之跌水：10 分
□水質指標皆無異常，河道流速緩慢且坡降平緩：6 分
□水質指標有任一項出現異常：3 分
□水質指標有超過一項以上出現異常：1 分
□水質指標有超過一項以上出現異常，且表面有浮油及垃圾等：0 分</td></tr>
<tr><td>生態意義：檢視水質狀況可否讓一般水域生物生存</td></tr>
</table>

類別		③ 評估因子勾選	④ 評分	⑤ 未來可採行的生態友善策略或措施
水陸域過渡帶及底質特性	(D)水陸域過渡帶	Q：您看到的水陸域接界處的裸露面積占總面積的比率有多少？ **評分標準：** □在目標河段內，灘地裸露面積比率小於 25%：5 分 □在目標河段內，灘地裸露面積比率介於 25～75%：3 分 □在目標河段內，灘地裸露面積比率大於 75%：1 分 □在目標河段內，完全裸露，沒有水流：0 分		□增加低水流路施設 □增加構造物表面孔隙、粗糙度 □增加植生種類與密度 □減少外來種植物數量 □維持重要保全對象（大樹或完整植被帶等） □其他＿＿＿＿＿＿＿＿
		生態意義：檢視流量洪枯狀態的空間變化，在水路的水路域交界的過渡帶特性 **註**：裸露面積爲總面積（目標河段）扣除水與植物的範圍（詳圖 D-1 裸露面積示意圖）		
		Q：您看到控制水路的兩側是由什麼結構物跟植物所組成？（詳表 D-1 河岸型式與植物覆蓋狀況分數表）		
		生態意義：檢視水路內及水路邊界的人工結構物是否造成蟹類、爬蟲類、兩生類移動的困難		

<table>
<tr><th colspan="2">類別</th><th>③
評估因子勾選</th><th>④
評分</th><th>⑤
未來可採行的生態友善策略或措施</th></tr>
<tr><td rowspan="4">水陸域過渡帶及底質特性</td><td rowspan="2">(E)溪濱廊道連續性</td><td>Q：您看到的溪濱廊道自然程度？（垂直水流方向）（詳參照表E項）
評分標準：
□仍維持自然狀態：10分
□具人工構造物或其他護岸及植栽工程，低於30% 廊道連接性遭阻斷：6分
□具人工構造物或其他護岸及植栽工程，30～60% 廊道連接性遭阻斷：3分
□大於60% 之濱岸連接性遭人工構造物所阻斷：1分
□同上，且爲人工構造物表面很光滑：0分</td><td rowspan="2"></td><td rowspan="2">□標示重要保全對象（大樹或完整植被帶等）
□縮減工程量體或規模
□建議進行河川區排情勢調查中的專題或專業調查
□增加構造物表面孔隙、粗糙度
□增加植生種類與密度
□增加生物通道或棲地營造
□降低縱向結構物的邊坡（緩坡化）
□其他＿＿＿＿＿＿＿＿</td></tr>
<tr><td>生態意義：檢視蟹類、兩棲類、爬蟲類等可否在水域與陸域間通行無阻</td></tr>
<tr><td rowspan="2">(F)底質多樣性</td><td>Q：您看到的河段內河床底質爲何？
□漂石、□圓石、□卵石、□礫石等（詳表F-1河床底質型態分類表）</td><td rowspan="2"></td><td rowspan="2">□維持水路洪枯流量變動，以維持底質適度變動與更新
□減少集水區內的不當土砂來源（如，工程施作或開發是否採用集水區外的土砂材料等）
□增加渠道底面透水面積比率
□減少高濁度水流流入
□其他＿＿＿＿＿＿＿＿</td></tr>
<tr><td>評分標準：被細沉積砂土覆蓋之面積比例（詳參照表F項）
□面積比例小於25%：10分
□面積比例介於25～50%：6分
□面積比例介於50～75%：3分
□面積比例大於75%：1分</td></tr>
</table>

類別		③ 評估因子勾選	④ 評分	⑤ 未來可採行的生態友善策略或措施
水陸域過渡帶及底質特性	(F)底質多樣性	□同上，且有廢棄物。或水道底部有不透水面積，面積>1/5 水道底面積：0 分		
		生態意義：檢視棲地多樣性是否足夠及被細沉積砂土覆蓋與渠底不透水之面積比例 **註**：底質分布與水利篩選有關，本項除單一樣站的評估外，建議搭配區排整體系統（上、下游）底質多樣性評估		
生態特性	(G)水生動物豐多度（原生 or 外來）	Q：您看到或聽到哪些種類的生物？（可複選） □水棲昆蟲、□螺貝類、□蝦蟹類、□魚類、□兩棲類、□爬蟲類		□縮減工程量體或規模 □調整設計，增加水深 □移地保育（需確認目標物種） □建議進行河川區排情勢調查之簡易自主生態調查監測 □其他＿＿＿＿＿＿＿＿
		評分標準： □生物種類出現三類以上，且皆爲原生種：7 分 □生物種類出現三類以上，但少部分爲外來種：4 分 □生物種類僅出現二至三類，部分爲外來種：1 分 □生物種類僅出現一類或都沒有出現：0 分 指標生物□台灣石鮒或田蚌：上述分數再 +3 分 （詳表 G-1 區排常見外來種、表 G-2 區排指標生物）		
		生態意義：檢視現況河川區排生態系統狀況		

<table>
<tr><th colspan="2">類別</th><th>③
評估因子勾選</th><th>④
評分</th><th>⑤
未來可採行的生態友善策略或措施</th></tr>
<tr><td rowspan="2">生態特性</td><td rowspan="2">(H)水域生產者</td><td>Q：您看到的水是什麼顏色？
評分標準：
□水呈現藍色且透明度高：10 分
□水呈現黃色：6 分
□水呈現綠色：3 分
□水呈現其他色：1 分
□水呈現其他色且透明度低：0 分</td><td rowspan="2"></td><td rowspan="2">□避免施工方法及過程造成濁度升高
□調整設計，增加水深
□維持水路洪枯流量變動
□檢視區域內各事業放流水是否符合放流水標準
□增加水流曝氣機會
□建議進行河川區排情勢調查之簡易水質調查監測
□其他________</td></tr>
<tr><td>生態意義：檢視水體中藻類及浮游生物（生產者）的含量及種類</td></tr>
<tr><td colspan="2">綜合評價</td><td>水的特性項總分 = A +B + C = ____（總分 30 分）
水陸域過渡帶及底質特性項總分 = D + E + F = ____（總分 30 分）
生態特性項總分 = G + H = ____（總分 20 分）</td><td colspan="2">總和 = ____（總分 80 分）</td></tr>
</table>

註：

1. 本表以簡易、快速、非專業生態人員可執行的河川、區域排水工程生態評估爲目的，係供考量生態系統多樣性的河川區排水利工程設計之原則性檢核。
2. 友善策略及措施係針對水利工程所可能產生的負面影響所採取的緩和及補償措施，故策略及措施與採行的工程種類、量體、尺寸、位置皆有關聯，本表建議之友善策略及措施僅爲原則性策略。
3. 執行步驟：①→⑤（步驟④→⑤隱含生態課題分析再對應到友善策略）。
4. 外來種參考「台灣入侵種生物資訊」，常見種如：福壽螺、非洲大蝸牛、河殼菜蛤、美國螯蝦、吳郭魚、琵琶鼠魚、牛蛙、巴西龜、泰國鱧等。

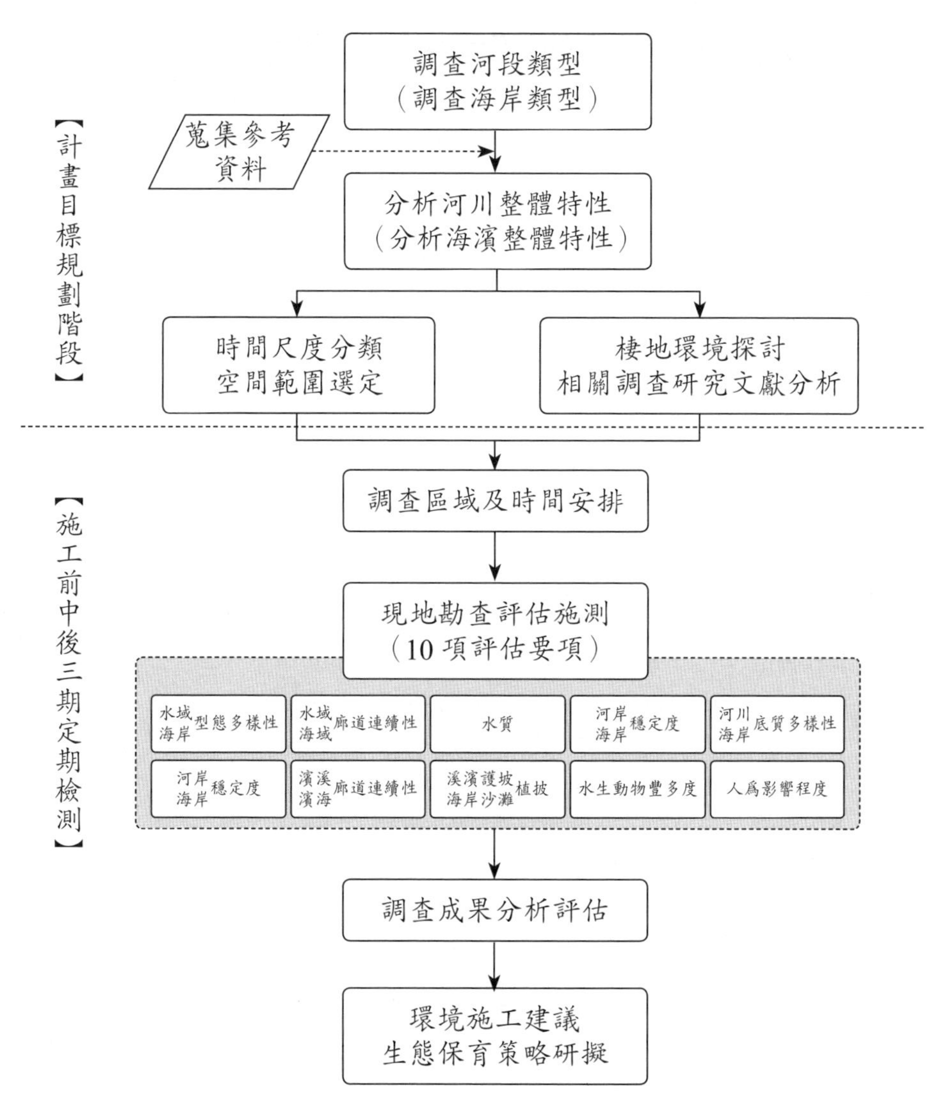

圖 13-1　水利署現行之河川、區排及海岸工程快速生態檢視調查作業程序

三、水庫集水區保育治理工程生態檢核表　主表（1/2）

<table>
<tr><td rowspan="9">工程基本資料</td><td>工程名稱（編號）</td><td></td><td>設計單位</td><td></td></tr>
<tr><td>工程期程</td><td></td><td>監造廠商</td><td></td></tr>
<tr><td>治理機關</td><td></td><td>營造廠商</td><td></td></tr>
<tr><td>基地位置</td><td>地點：____縣____鄉____村
TWD97 座標 X：________
Y：________</td><td>工程預算／經費</td><td></td></tr>
<tr><td>工程緣由目的</td><td colspan="3"></td></tr>
<tr><td>工程類型</td><td colspan="3">□自然復育、□坡地整治、□溪流整治、□清淤疏通、□結構物改善、□其他</td></tr>
<tr><td>工程內容</td><td colspan="3"></td></tr>
<tr><td>預期效益</td><td colspan="3">□保全對象（複選）：
□民眾（□社區□學校□部落□____）
□產業（□農作物□果園□____）
□交通（□橋梁□道路□____）
□工程設施（□水庫□攔砂壩□固床設施□護岸）
□其他：</td></tr>
<tr><td colspan="4"></td></tr>
<tr><td rowspan="3">核定階段</td><td>起訖時間</td><td colspan="2">民國　年　月　日至民國　年　月　日</td><td rowspan="3">附表 P-01</td></tr>
<tr><td rowspan="2">生態評估</td><td colspan="2">進行之項目：□現況概述、□生態影響、□保育對策</td></tr>
<tr><td colspan="2">未作項目補充說明：</td></tr>
<tr><td rowspan="4">設計階段</td><td>起訖時間</td><td colspan="2">民國　年　月　日至民國　年　月　日</td><td rowspan="2">附表 D-01</td></tr>
<tr><td>團隊組成</td><td colspan="2">□是□否　有生態專業人員進行生態評析</td></tr>
<tr><td rowspan="2">生態評析</td><td colspan="2">進行之項目：□現場勘查、□生態調查、□生態關注區域圖、□生態影響預測、□生態保育措施研擬</td><td rowspan="2">附表 D-02 D-03</td></tr>
<tr><td colspan="2">未作項目補充說明：</td></tr>
</table>

<table>
<tr><td rowspan="5">設計階段</td><td rowspan="2">民眾參與</td><td>□邀集關心當地生態環境之人士參與：
□環保團體□熟悉之當地民眾
□其他____</td><td rowspan="2">附表
D-04</td></tr>
<tr><td>□否，說明</td></tr>
<tr><td rowspan="3">保育對策</td><td>進行之項目：□由工程及生態人員共同確認方案、□列入施工計畫書</td><td rowspan="3">附表
D-05</td></tr>
<tr><td>未作項目補充說明：</td></tr>
<tr><td>保育對策摘要：</td></tr>
</table>

水庫集水區保育治理工程生態檢核表　主表（2/2）

<table>
<tr><td rowspan="6">施工階段</td><td>起訖時間</td><td>民國　年　月　日至民國　年　月　日</td><td rowspan="2">附表
C-01</td></tr>
<tr><td>團隊組成</td><td>□是□否有生態專業人員進行保育措施執行紀錄、生態監測及狀況處理</td></tr>
<tr><td rowspan="2">民眾參與</td><td>□邀集關心當地生態環境之人士參與：
□熟悉之當地民眾□利害關係人
□其他____
已在設計階段邀請環保團體擔任審查委員，並將意見列入修正</td><td rowspan="2">附表
C-02</td></tr>
<tr><td>□否，說明</td></tr>
<tr><td rowspan="2">生態監測及狀況處理</td><td>進行之項目：□現場勘查、□生態措施監測（生態調查）、□環境異常處理</td><td rowspan="2">附表
C-03
C-04
C-05</td></tr>
<tr><td>未作項目補充說明：</td></tr>
</table>

<table>
<tr><td rowspan="3">施工階段</td><td rowspan="3">保育措施執行情況</td><td>□是□否　執行設計階段之保育對策</td><td rowspan="3">附表C-06</td></tr>
<tr><td>□否，說明</td></tr>
<tr><td>保育措施執行摘要：</td></tr>
<tr><td rowspan="6">維護管理</td><td>起訖時間</td><td>民國　年　月　日至民國　年　月　日</td><td rowspan="6">附表M-01</td></tr>
<tr><td rowspan="2">基本資料</td><td>維護管理單位：</td></tr>
<tr><td>預估評估時間：</td></tr>
<tr><td rowspan="3">生態評析</td><td>進行之項目：□現場勘查、□生態調查、□生態關注區域圖、□課題分析、□生態保育措施成效評估</td></tr>
<tr><td>未作項目補充說明</td></tr>
<tr><td>後續建議</td></tr>
<tr><td colspan="2">資訊公開</td><td colspan="2">□主動公開：工程相關之環境生態資訊（集水區、河段、棲地及保育措施等）、生態檢核表於政府官方網站，網址：＿＿＿＿＿＿＿＿
□被動公開：提供依政府資訊公開法及相關實施要點申請之相關環境生態資訊，說明：＿＿＿＿＿＿＿＿＿＿＿</td></tr>
</table>

主辦機關（核定）：＿＿＿＿＿＿ 承辦人：＿＿＿＿＿＿ 日期：＿＿＿＿＿＿
主辦機關（設計）：＿＿＿＿＿＿ 承辦人：＿＿＿＿＿＿ 日期：＿＿＿＿＿＿
主辦機關（施工）：＿＿＿＿＿＿ 承辦人：＿＿＿＿＿＿ 日期：＿＿＿＿＿＿
主辦機關（維管）：＿＿＿＿＿＿ 承辦人：＿＿＿＿＿＿ 日期：＿＿＿＿＿＿

四、石門水庫集水區保育治理工程生態檢核表（1/2）

適用階段：□規劃□設計□施工□維護管理

<table>
<tr><td rowspan="11">工程基本資料</td><td>工程名稱（編號）</td><td></td><td rowspan="6">基地位置圖</td><td>工程地點：
集水區：</td></tr>
<tr><td>工程期程</td><td></td><td rowspan="5"></td></tr>
<tr><td>工程經費</td><td></td></tr>
<tr><td>主辦單位</td><td></td></tr>
<tr><td>承包廠商</td><td></td></tr>
<tr><td>工程區位</td><td>□一般區□環境敏感區
□特定區</td></tr>
<tr><td>工程階段</td><td>□規劃□設計□施工
□維護管理</td><td>GPS</td><td>X:
Y:
（TWD97座標）</td></tr>
<tr><td>工程類型</td><td colspan="3">□源頭處理工程□坡地保育工程□道路水土保持
□土石災害復育工程□崩塌地處理工程
□災害復建工程（搶修搶險）□________</td></tr>
<tr><td>保全對象</td><td colspan="3">□民眾（□社區□學校□部落□________）
□產業（□農作物□果園□________）
□交通（□橋樑□道路□________）
□生態（□森林□溪流□山坡地□生物棲地）
□水保設施（□________□________）
□水利設施（□水庫□攔砂壩□堤防□________）
□其他（□________□________）</td></tr>
<tr><td>工程內容</td><td colspan="3"></td></tr>
<tr><td>災害原因</td><td colspan="3"></td></tr>
</table>

<table>
<tr><td rowspan="2">生態檢核資料</td><td>項目</td><td>檢核要項</td><td>適用項目</td><td>檢核內容</td><td>備註</td></tr>
<tr><td>生態保育議題</td><td>棲地生態環境</td><td>□是
□否</td><td>了解及掌握水庫集水區環境棲地生態變遷，如：植生演替、動物遷徙、生態廊道阻絕、棲地碎裂化、景觀美質、生態基流量喪失等資訊</td><td></td></tr>
</table>

生態檢核資料		生物多樣性	□是 □否	了解及掌握政府法定公告之珍貴稀有動植物及保育類野生動物等	
	生態專業諮詢	生態專業諮商	□是 □否	諮詢具有生態專業專家學者、顧問公司及政府保育單位	附表1、生態專業諮詢紀錄表
		環保團體訪談	□是 □否	訪談熟悉或關切治理工程影響集水區生態保育議題之環保團體	附表2、環保團體訪談紀錄表

石門水庫集水區保育治理工程生態檢核表（2/2）

適用階段：□規劃□設計□施工□維護管理

	項目	檢核要項	適用項目	檢核內容	備註
生態檢核資料	資料蒐集	土地使用管理	□是 □否	了解及掌握上位計畫暨相關法規、土地利用現況	附表3、資料蒐集表
		環境生態資訊	□是 □否	了解及掌握集水區環境自然營造力及人爲措施之生態資訊，如氣候、地文、水文、生物多樣性、棲地等	
	現場勘查	現勘訪查	□是 □否	會同權益關係人、民意代表、在地民眾、專家學者、環保團體、工程及政府相關單位與媒體等參與現勘	附表4、現場勘查紀錄表
		問題探討	□是 □否	⊙了解及掌握基地生態環境現況、生態保育議題及棲地生態演替趨勢 ⊙勘查紀錄整理、訪談意見回覆、保育問題研議	

<table>
<tr><td rowspan="11">生態檢核資料</td><td rowspan="3">民眾參與</td><td>參與對象</td><td>□是
□否</td><td>邀集計畫相關之權益關係人、民意代表、在地民眾、專家學者、環保團體、工程及政府相關單位與媒體等參與</td><td rowspan="3">附表 5、民眾參與紀錄表</td></tr>
<tr><td>參與項目</td><td>□是
□否</td><td>辦理工程相關之訪談、現勘、說明會、公聽會、座談會、論壇、研習、教育宣導等相關會議活動</td></tr>
<tr><td>意見處理</td><td>□是
□否</td><td>參與者意見納入各階段相關計畫及工程規劃、設計、施工、維護管理之滾動式檢討及回應</td></tr>
<tr><td rowspan="2">生態調查</td><td>棲地調查</td><td>□是
□否</td><td>進行工程影響基地之生態敏感區位、生態廊道、指標生物、棲地生態調查分析</td><td>附表 6、棲地調查表
附表 7、生態敏感區分析表</td></tr>
<tr><td>棲地影像紀錄</td><td>□是
□否</td><td>工程各階段（現勘、規劃、設計、施工、維護管理）棲地生態環境現況紀錄</td><td>附表 8、棲地影像紀錄表</td></tr>
<tr><td rowspan="2">生態評析</td><td>工程棲地生態影響</td><td>□是
□否</td><td>棲地生態環境遭受自然變因（如颱風、豪雨、地震、土石流）之生態影響情形</td><td rowspan="2">附表 9、生態評析表</td></tr>
<tr><td>人文社會生態影響</td><td>□是
□否</td><td>開發行爲對於當地生態、產業經濟、居民安全、文化資產等之影響</td></tr>
<tr><td rowspan="2">資訊公開</td><td>主動公開</td><td>□是
□否</td><td>主動公開工程相關之環境生態資訊（集水區、河段、棲地及保育措施 e 等）於政府官方網站</td><td rowspan="2">附表 10、資訊公開表</td></tr>
<tr><td>被動公開</td><td>□是
□否</td><td>提供依政府資訊公開法及相關實施要點申請之相關環境生態資訊</td></tr>
</table>

<table>
<tr><td rowspan="6">生態檢核資料</td><td rowspan="3">保育措施</td><td>保育對策</td><td>□是
□否</td><td>採取教育、植生、疏導、隔離、攔阻、迴避、縮小、減輕、補償、改善、退場等措施</td><td rowspan="3">附表11、保育措施表</td></tr>
<tr><td>工法研選</td><td>□是
□否</td><td>採取以生態爲優先爲考量之工法，如：因地制宜、因時施工與就地取材等原則</td></tr>
<tr><td>棲地改善</td><td>□是
□否</td><td>棲地改善應以生態爲基礎、安全爲導向及永續爲目標考量，採取對棲地生態環境衝擊最低之方式，如：棲地廊道設置與維護等措施</td></tr>
<tr><td rowspan="3">效益評核</td><td>生態衝擊預測分析</td><td>□是
□否</td><td>針對工程周邊重要生態敏感區進行生態影響預測分析，並依據自然恢復情況及人工復育狀況進行預測分析</td><td rowspan="3">附表12、效益評核表</td></tr>
<tr><td>適宜性分析</td><td>□是
□否</td><td>保育治理工程設計規劃，符合生態設計原則及景觀美質（自然環境協調度）</td></tr>
<tr><td>成效綜合檢討分析</td><td>□是
□否</td><td>⊙建立環境生態永續經營管理指標
⊙工程竣工後進行後續追蹤及維護管理評核</td></tr>
</table>

執行機關：＿＿＿＿＿＿ 填表人：＿＿＿＿＿＿ 日期：＿＿＿＿＿＿

主辦機關：＿＿＿＿＿＿ 填表人：＿＿＿＿＿＿ 日期：＿＿＿＿＿＿

主管機關：＿＿＿＿＿＿ 填表人：＿＿＿＿＿＿ 日期：＿＿＿＿＿＿

五、環境友善檢核

設計階段環境友善檢核表

<table>
<tr><td colspan="2">主辦機關</td><td colspan="2"></td><td>設計單位</td><td></td></tr>
<tr><td colspan="2">工程名稱</td><td colspan="2"></td><td>工程位點</td><td></td></tr>
<tr><td>項目</td><td colspan="5">本工程擬選用生態友善措施</td></tr>
<tr><td rowspan="4">工程管理</td><td>□</td><td colspan="4">生態保護目標、環境友善措施、施工便道與預定開挖面，標示於工程圖說、發包文件與施工規範</td></tr>
<tr><td>□</td><td colspan="4">納入履約標準、確認罰則</td></tr>
<tr><td>□</td><td colspan="4">優先利用人爲干擾環境，以干擾面積最小爲原則</td></tr>
<tr><td>□</td><td colspan="4">其他：</td></tr>
<tr><td></td><td colspan="2">擬定生態保護目標</td><td colspan="3">擬用生態友善措施</td></tr>
<tr><td rowspan="10">陸域環境</td><td>□</td><td>保留樹木與樹島</td><td colspan="3"></td></tr>
<tr><td>□</td><td>保留森林</td><td colspan="3"></td></tr>
<tr><td>□</td><td>保留濱溪植被區</td><td colspan="3"></td></tr>
<tr><td>□</td><td>預留樹木基部生長與透氣透水空間</td><td colspan="3"></td></tr>
<tr><td>□</td><td>採用高通透性護岸</td><td colspan="3"></td></tr>
<tr><td>□</td><td>減少護岸橫向阻隔</td><td colspan="3"></td></tr>
<tr><td>□</td><td>動物逃生坡道或緩坡</td><td colspan="3"></td></tr>
<tr><td>□</td><td>植生草種與苗木</td><td colspan="3"></td></tr>
<tr><td>□</td><td>復育措施</td><td colspan="3"></td></tr>
<tr><td>□</td><td>其他：</td><td colspan="3"></td></tr>
<tr><td rowspan="5">水域環境</td><td>□</td><td>減少構造物與河道間落差</td><td colspan="3"></td></tr>
<tr><td>□</td><td>保留 3 公尺粒徑以上大石或石壁</td><td colspan="3"></td></tr>
<tr><td>□</td><td>保留石質底質棲地</td><td colspan="3"></td></tr>
<tr><td>□</td><td>保留瀨區</td><td colspan="3"></td></tr>
<tr><td>□</td><td>保留深潭</td><td colspan="3"></td></tr>
</table>

水域環境	□	控制溪水濁度	
	□	維持常流水	
	□	人工水域棲地營造	
	□	其他：	
補充說明：(依個案特性加強要求的其他事項)			
保全目標位置與照片			
備註： 一、設計單位應會同主辦機關，共同確認生態保護對象，擬用環境友善措施填寫於備註欄。 二、本表格連同預算書圖一併提供工程主辦機關。			

設計單位填寫人員簽名：　　　　　　　　日期：

施工階段環境友善檢核表

主辦機關			監造單位	
工程名稱			工程位點	
項目	本工程擬選用友善原則與措施			執行
工程管理	□	明確告知施工廠商施工範圍、生態保護目標位置、環境友善措施與罰則		□是□否
	□	監督施工廠商以標誌、警示帶等可清楚識別的方式標示施工範圍，迴避生態保護目標		□是□否
	□	監督施工廠商依工程圖說與施工計畫在計畫施工範圍內施作		□是□否
	□	監督施工廠商，當生態保護目標異常時，應立即通報主辦機關與監造單 位處理，並記錄於「環境友善自主檢查表」		□是□否
	□	監督施工廠商友善對待工區出沒動物，禁止捕獵傷害		□是□否
	□	其他：		□是□否

		生態保護目標	生態友善措施	執行
陸域環境	□	保留樹木與樹島		□是□否
	□	保留森林		□是□否
	□	保留濱溪植被區		□是□否
	□	預留樹木基部生長與透氣透水空間		□是□否
	□	採用高通透性護岸		□是□否
	□	減少護岸橫向阻隔		□是□否
	□	動物逃生坡道或緩坡		□是□否
	□	植生草種與苗木		□是□否
	□	復育措施		□是□否
	□	其他：		□是□否
水域環境	□	減少構造物與河道間落差		□是□否
	□	保留 3 公尺粒徑以上大石或石壁		□是□否
	□	保留石質底質棲地		□是□否
	□	保留瀨區		□是□否
	□	保留深潭		□是□否
	□	控制溪水濁度		□是□否
	□	維持常流水		□是□否
	□	人工水域棲地營造		□是□否
	□	其他：		□是□否
補充說明：（依個案特性加強要求的其他事項）				
保全目標位置與照片				
備註： 一、監造單位應依設計階段擬訂之生態保護目標與環境友善措施，監督施工廠商並記錄本表。 二、本表格完工後連同竣工資料一併提供主辦機關。				

監造單位填寫人員簽名：　　　　　　　　　　日期：

環境友善自主檢查表（承攬廠商填寫）

甲方		
工程名稱		
施工廠商		
工程位點		

編號	項目	檢查標準	檢查日期				
1			□是□否	□是□否	□是□否	□是□否	□是□否
2			□是□否	□是□否	□是□否	□是□否	□是□否
3			□是□否	□是□否	□是□否	□是□否	□是□否
4			□是□否	□是□否	□是□否	□是□否	□是□否

異常狀況處理			
異常狀況類型	□生態保護目標異常 □植被剷除 □水域動物暴斃 □施工便道闢設過大 □環保團體或在地居民陳情等事件		
狀況提報人（單位／職稱）		異常狀況發現日期	民國　年　月　日
異常狀況說明		解決對策	
		解決對策	
		解決對策	

備註：

一、本表於工程期間，由施工廠商隨工地安全檢查填寫。

二、如發現異常，保留對象發生損傷、斷裂、搬動、移除、干擾、破壞、衰弱或死亡等異常狀況，請註明敘述處理方式，第一時間通報監造單位與主辦機關。

三、完工後連同竣工資料一併提供主辦機關。

工地負責人簽名：　　　　　　　　　　　　日期：

環境友善抽查表（監造單位填寫）

主辦機關		
工程名稱		
承攬廠商		
工程位點		

編號	項目	檢查標準	檢查日期				
1			□是□否	□是□否	□是□否	□是□否	□是□否
2			□是□否	□是□否	□是□否	□是□否	□是□否
3			□是□否	□是□否	□是□否	□是□否	□是□否
4			□是□否	□是□否	□是□否	□是□否	□是□否

異常狀況處理			
異常狀況類型	□生態保護目標異常 □植被剷除 □水域動物暴斃 □施工便道闢設過大 □環保團體或在地居民陳情等事件		
狀況提報人 （單位／職稱）		異常狀況 發現日期	民國　年　月　日
異常狀況說明		解決對策	
		解決對策	
		解決對策	

備註：
一、本表於設計階段由設計單位依生態友善措施研擬，於施工期間據以執行。 二、本表於工程期間，由監造單位隨工地安全檢查填寫。 三、如發現異常，保留對象發生損傷、斷裂、搬動、移除、干擾、破壞、衰弱或死亡等異常狀況，請註明敘述處理方式，第一時間通報主辦機關。 四、完工後連同竣工資料一併提供主辦機關。

監造單位人員簽名：　　　　　　　　　　日期：

六、生態檢核標準作業

提報審議階段——生態初評表

<table>
<tr><td>工程執行機關</td><td colspan="4">請與工程勘查紀錄表內容同步更新</td><td>勘查日期</td><td colspan="3">年 月 日</td></tr>
<tr><td rowspan="2">工程名稱</td><td rowspan="2">請與工程勘查紀錄表內容同步更新</td><td rowspan="2">工程類型</td><td rowspan="2">□土石流防治
□崩塌地處理
□蝕溝控制
□野溪治理
□坡地排水
□沉砂滯洪
□野溪清疏
□其他</td><td rowspan="2">工程地點</td><td colspan="4">縣市 鄉鎮 村里</td></tr>
<tr><td>TWD97坐標</td><td>X：</td><td>Y：</td><td>EL：</td></tr>
<tr><td>工程緣由目的</td><td colspan="8"></td></tr>
<tr><td>擬辦工程概估內容</td><td colspan="8">請與工程勘查紀錄表內容同步更新</td></tr>
<tr><td>生態團隊組成</td><td colspan="8">組成具有生態評估能力之團隊，或外聘專家學者給予協助。應說明單位／職稱、學歷／專業資歷、專長、參與勘查事項（至少 1 人須符合行政院公共工程委員會公共工程生態檢核注意事項所訂標準）</td></tr>
<tr><td rowspan="4">生態情報釐清及建議</td><td colspan="6">關注議題或保護對象</td><td colspan="2">資訊來源</td></tr>
<tr><td>棲地（保護區或關注區）</td><td colspan="5"></td><td colspan="2">□機關
□媒體
□民眾
□其他</td></tr>
<tr><td>物種（含文物）</td><td colspan="5"></td><td colspan="2">□機關
□媒體
□民眾
□其他</td></tr>
<tr><td>生態影響及友善原則建議</td><td colspan="7"></td></tr>
</table>

<table>
<tr><td rowspan="3">棲地現況生態保育評估</td><td>現況描述</td><td colspan="2">1.植被相：陸域植被覆蓋：____%
□雜木林 □人工林 □天然林 □草地 □農地 □崩塌地 □其他
2.溪流類型：□乾溝（無常流水坑溝）□野溪及溪溝（常流水或枯水期有潭區溪流）
3.河床底質：□岩盤 □巨礫 □細礫 □細砂 □泥質
4.河床型態：□瀑布 □深潭 □淺瀨
5.其他：</td></tr>
<tr><td>生態影響</td><td colspan="2">1.工程型式影響：□溪流水流量減少 □溪流型態改變 □水域遷移廊道阻隔或棲地切割 □水陸域遷移路徑阻隔 □阻礙坡地植被演替
2.施工過程影響：□減少植被覆蓋 □土砂下移濁度升高 □大型施工便道施作 □土方挖填棲地破壞
3.其他：</td></tr>
<tr><td>生態友善原則建議</td><td colspan="2">□保留巨石、樹島、大樹、岩盤、文物等 □保留陸域棲地 □保留水域棲地
□縮小或調整工區及施工便道
□維持水域縱向連結性 □維持水陸域橫向連結性
□以柔性工法處理 □表土保存 □植生復育
□補充生態調查（如勾選此項，工程提報時須說明辦理情形或調查計畫）
□生態影響重大，建議不施作
□監督施工廠商友善對待工區出沒動物，禁止捕獵傷害
□其他：</td></tr>
<tr><td>民眾參與</td><td>□有，意見及處理情形詳民眾參與紀錄表
□無</td><td>參與單位</td><td></td></tr>
<tr><td>備註</td><td colspan="3">1.本表由生態團隊填寫，交工程執行機關彙整後，併同工程勘查紀錄表及生態情報查詢成果表提報工程審查（議）。
2.提報審議階段「生態輔導或相關意見摘要表」及「民眾參與紀錄表」隨本表一併檢附。
3.本表之填報請以工區爲單元，每一工區需填寫一張表單。</td></tr>
</table>

生態團隊（單位／姓名）：　　　　　　提交日期：

※工程位置與生態友善原則建議圖：

請附五千分之一航照圖或正射影像圖或二萬五千分之一地形圖爲底圖，加註重要影響、友善原則建議及現況照片位置，並繪製工程位置略圖。

※現況照片：（相關圖片欄位不足時，請自行增加附頁）

1.植被相 1： （說明： ）	2.植被相 2： （說明： ）	3.溪流類型 1： （說明： ）
4.溪流類型 2： （說明： ）	5.河床底質 1： （說明： ）	6.河床底質 2： （說明： ）

7.河床型態 1： （說明：　　　　）	8.河床型態 2： （說明：　　　　）	9.其他： （說明：　　　　）

設計階段——生態評估建議表

工程執行機關		設計單位	
工程名稱		縣市／鄉鎮	
工區		工區坐標	
基本設計階段			
1.**生態團隊組成**：（至少1人須符合行政院公共工程委員會公共工程生態檢核注意事項所訂標準） 組成具有生態評估能力之團隊，或外聘專家學者給予協助。應說明單位／職稱、學歷／專業資歷、專長、參與勘查事項			
2.**生態情報蒐集釐清**： 應包含陸域及水域生態資訊與議題、提報審議階段生態相關意見、其他可能相關之生態訊息等，應註明資料來源，包括生態情報查詢成果、媒體報導、民眾反映或觀察紀錄、生態調查、學術研究報告、環境監測報告、生態資源出版品及網頁資料等，以儘量蒐集爲原則			
3.**現勘與棲地環境生態相關意見提供**： 包含現地勘查與棲地環境生態快速檢視，就工程初步方案提供相應之生態影響及生態友善措施等相關意見			
預算書編製階段			
4.**棲地環境生態評估**： 應包含陸域、水域現地環境描述、生態保育議題研議、各類棲地評估指標及評估結果、特殊物種（包含珍稀植物、保育類動物）。整合文獻資料及現勘結果，進行生態保育議題分析，如生態敏感區、重要地景、珍稀老樹、保育類動物及珍稀植物、生態影響等			

5.生態影響預測與生態友善措施建議：

項次	生態議題	生態影響預測	生態友善措施建議

* 生態保護對象與生態影響預測，需考量公告生態保護區、學術研究動植物棲地地點、民間關注生態地點、天然植被、天然水域環境（人爲構造物少）等各類生態議題研擬，逐一分析工程設計對於工區（含施工區域）對生態環境立即性棲地破壞，並對後續帶來的衍伸性影響（如溪水斷流、植被演替停滯等）進行預測分析
* 生態友善措施建議，應對於各個可能受影響的生態保護對象事先擬定合適之迴避、縮小、減輕、補償之保育策略，同時須評估保育策略的成效

6.民眾參與：□有，意見及處理情形詳民眾參與紀錄表，□無
參與單位：

7.施工期間生態保育措施監測計畫
敘明生態團隊於施工階段預定執行之生態保育措施監測項目、作業方式與流程，包含棲地調查、棲地評估、施工單位對生態保護對象與生態友善措施落實情形之追蹤、生態環境異常狀況發生之處理等。（請條列式說明，格式請參照開工前 - 生態保育措施監測計畫確認表）

8.提供設計單位擬定施工階段生態保育措施監測項目及標準之建議內容：

編號	施工期間生態保育措施監測項目	監測標準
A		
B		

備註：
1.本表由生態團隊填寫提供設計人員納入設計考量，併同基本設計及預算書圖送工程執行機關審查。
2.設計階段「生態輔導或相關意見摘要表」及「民眾參與紀錄表」隨本表一併檢附。
3.本表之填報請以工區爲單元，每一工區需填寫一張表單。

生態團隊（單位／姓名）：　　　　　　提交日期：

※生態關注區域圖說明及繪製：

<table><tr><td>以平面圖示標繪治理範圍及其鄰近地區之生態保護對象及潛在生態課題，可依設計期程分別以基本設計圖與細部設計圖套疊繪製生態關注區域圖，以更精確地呈現工程設計與生態關注區域和生態保護對象的位置關係。
應配合工程設計圖的範圍及比例尺進行繪製，比例尺以 1/1000 爲原則。繪製範圍除了工程本體所在的地點，亦要將工程可能影響到的地方納入考量，如濱溪植被緩衝區、施工便道的範圍、所附照片及影像位置等。若河溪附近有道路通過，亦可視道路爲生態關注區域圖的劃設邊界。應標示包含施工時的臨時性工程預定位置，例如施工便道、堆置區等。</td></tr></table>

※生態保護對象照片：（以特寫與全景照紀錄，欄位不足時，請自行增加附頁）

位置或樁號： 說明：	位置或樁號： 說明：

※棲地影像紀錄：（包括災害照片及日期、棲地影像及日期，欄位不足時，請自行增加附頁）

位置或椿號： 說明：	位置或椿號： 說明：

設計階段——工程友善設計檢核表

<table>
<tr><td colspan="3">工程執行機關</td><td colspan="2"></td><td>設計單位</td><td></td></tr>
<tr><td colspan="3">工程名稱</td><td colspan="2"></td><td>縣市／鄉鎮</td><td></td></tr>
<tr><td colspan="3">工區</td><td colspan="2"></td><td>工區坐標</td><td></td></tr>
<tr><td colspan="3">災害概述</td><td colspan="4"></td></tr>
<tr><td rowspan="6">生態情報處理與友善措施</td><td colspan="2">關注議題或保護對象</td><td colspan="3">資訊來源（可複選）</td><td>處理方式（可複選）</td></tr>
<tr><td colspan="2">棲地
（保護區或關注區）</td><td>□______
□______
□______，
□無</td><td colspan="2">□機關□生態團隊
□媒體□民眾
□其他______</td><td>□依法申請，□生態友善措施，□專業諮詢，□民眾參與，□其他______</td></tr>
<tr><td colspan="2">物種
（含文物）</td><td>□______
□______
□______，
□無</td><td colspan="2">□機關□生態團隊
□媒體□民眾
□其他______</td><td>□生態友善措施，□專業諮詢，□民眾參與，□其他______</td></tr>
<tr><td colspan="4">生態友善措施</td><td>設計項目及說明</td><td>列入預算書圖</td></tr>
<tr><td>迴避
（A）</td><td colspan="3">就上述棲地及物種情報，逐一提出對應之迴避措施，含暫緩及替代方案</td><td>如避開生態保護對象或生態敏感區域、施工過程避開動物大量遷徙或繁殖時間等</td><td>□是，圖號____
□否</td></tr>
</table>

生態情報處理與友善措施	縮小（B）	就上述棲地及物種情報，逐一提出對應之縮小工程量體，降低環境影響之措施	如開挖範圍、土方暫置區及施工便道最小化等	□是，圖號____ □否
	減輕（C）	就上述棲地及物種情報，逐一提出對應之減輕環境生態衝擊之措施	如動物通道建置、減少壩體與河床落差、資材自然化、就地取材等	□是，圖號____ □否
	補償（D）	就上述棲地及物種情報，逐一提出對應之補償重要生態損失之措施	如植生復育、重建相似生態環境等措施。	□是，圖號____ □否
棲地現況生態友善措施	E.確認生態保護對象（如巨石、樹島、大樹、岩盤、文物等）			□是，圖號____ □否　□已納入A
	F. 保留原本陸域環境（含森林及濱溪植被等）			□是，圖號____ □否　□已納入A
	G. 保留原本水域環境（含溪床自然底質、深潭及淺瀨、不整平溪床、不全面封底等）			□是，圖號____ □否　□已納入A
	H. 工區範圍以最小利用爲原則，並於設計圖明確標示			□是，圖號____ □否　□已納入B
	I. 施工便道優先利用已受干擾環境，並以最小利用爲原則			□是，圖號____ □否　□已納入B
	J. 防砂固床設施與河道間落差以最小化爲原則，或設置縱向動物通道（含斜坡式、開口式、階梯式設計）			□是，圖號____ □否　□已納入C
	K. 堤防及護岸設置橫向動物通道（含斜坡式、開口式、階梯式設計）		以緩斜坡式通道爲優先	□是，圖號____ □否　□已納入C
	L.排水溝、沉砂池、靜水池等設置小動物逃脫設施			□是，圖號____ □否　□已納入C

<table>
<tr><td rowspan="3">棲地現況生態友善措施</td><td>M. 堤防及護岸採通透性或表面粗糙化設計</td><td></td><td>□是，圖號____
□否 □已納入C</td></tr>
<tr><td>N. 維持常流水、控制濁度</td><td>如採取低水流路、施工機具材料等與溪水隔離之相關措施等</td><td>□是，圖號____
□否 □已納入C</td></tr>
<tr><td>O. 加速植生復育或重建相似生態環境</td><td>如以原開挖面30公分內表土回填、採用當地原生物種、敷蓋稻草蓆等</td><td>□是，圖號____
□否 □已納入D</td></tr>
<tr><td colspan="2">P. 創新工法或作爲</td><td></td><td>圖號____</td></tr>
<tr><td colspan="2">Q. 其他生態友善措施</td><td></td><td>圖號____</td></tr>
<tr><td colspan="2">未列入預算書圖原因</td><td colspan="2">（以上勾選「否」者須填寫本欄）</td></tr>
<tr><td colspan="2">保護效益（與一般整流工程比較）</td><td colspan="2">保留原本陸域水域環境○ M2、巨石○顆、樹島○座、大樹○棵、岩盤○處、文物○處、常流水○處，設置縱橫向動物通道及逃脫設施○處、護岸採通透性或粗糙化設計○ M，植生復育○ M2、棲地營造○處，其他：____</td></tr>
<tr><td colspan="4">備註：
1. 本表由設計人員填寫，隨基本設計及預算書圖（合併生態團隊須提表單）送工程執行機關審查。
2. 本表之填報請以工區爲單元，每一工區需填寫一張表單。</td></tr>
</table>

設計人員簽名：　　　　　　　　　　提交日期：

※工程平面圖（請標示工區範圍、施工便道路線、生態保護對象、友善措施位置或範圍）

※生態保護對象照片（以特寫與全景照紀錄，欄位不足時，請自行增加附頁）

位置或樁號： 說明：	位置或樁號： 說明：

位置或樁號： 說明：	位置或樁號： 說明：

開工前——工程友善措施確認表

工程執行機關		監造單位	
工程名稱		縣市／鄉鎮	
工區		工區坐標	

項目	本工程擬選用友善原則與措施	執行
工程管理	a.明確告知施工廠商施工範圍、生態保護對象位置、生態友善措施與罰則	□是□否
	b.監督施工廠商以標誌、警示帶等可清楚識別的方式標示施工範圍，迴避生態保護對象	□是□否
	c.監督施工廠商依工程圖說與施工計畫在計畫施工範圍內施作	□是□否
	d.監督施工廠商，當生態保護對象異常時，應立即通報主辦機關與監造單位處理，並紀錄於「工程友善措施自主檢查表」	□是□否
	e.監督施工廠商友善對待工區出沒動物，禁止捕獵傷害	□是□否
	f.其他：	□是□否

	採行生態友善措施	執行項目及說明	執行
生態情報友善措施	A. 依工程友善設計檢核表所列項目逐一確認後填寫		□是□否
	B. 依工程友善設計檢核表所列項目逐一確認後填寫		□是□否
	C. 依工程友善設計檢核表所列項目逐一確認後填寫		□是□否
	D. 依工程友善設計檢核表所列項目逐一確認後填寫		□是□否
棲地現況生態友善措施	E. 確認生態保護對象（如巨石、樹島、大樹、岩盤、文物等）		□是□否
	F. 保留原本陸域環境（含森林及濱溪植被等）		□是□否
	G. 保留原本水域環境（含溪床自然底質、深潭及淺瀨、不整平溪床、不全面封底等）		□是□否
	H. 工區範圍以最小利用爲原則，並於設計圖明確標示。		□是□否
	I. 施工便道優先利用已受干擾環境，並以最小利用爲原則。		□是□否
	J. 防砂固床設施與河道間落差以最小化爲原則，或設置縱向動物通道（含斜坡式、開口式、階梯式設計）		□是□否
	K. 堤防及護岸設置橫向動物通道（含斜坡式、開口式、階梯式設計）		□是□否
	L. 排水溝、沉砂池、靜水池等設置小動物逃脫設施		□是□否
	M. 堤防及護岸採通透性或表面粗糙化設計		□是□否
	N. 維持常流水與控制濁度		□是□否
	O. 加速植生復育或重建相似生態環境		□是□否

P.創新工法或作爲		□是□否
Q.其他生態友善措施		□是□否
無法依設計執行原因及採行措施：(以上勾選「否」者須填寫本欄)		
民眾反映或其他補充事項		
備註： 1.本表由監造單位於開工前依「工程友善設計檢核表」所訂措施逐一確認填寫，並邀設計單位及施工廠商共同確認及簽章後，併同監造計畫書及施工計畫書提交工程執行機關。 2.本表之填報請以工區爲單元，每一工區需填寫一張表單。		

監造人員簽名：　　　　　　　　設計人員簽名：

工地負責人簽名：　　　　　　　確認完成日期：

※工程平面圖（請標示工區範圍、施工便道路線、生態保護對象、友善措施位置或範圍）

※生態保護對象照片（以特寫與全景照紀錄，欄位不足時，請自行增加附頁）

位置或樁號： 說明：	位置或樁號： 說明：
位置或樁號： 說明：	位置或樁號： 說明：

開工前——生態保育措施監測計畫確認表

工程執行機關		施工廠商	
工程名稱		縣市／鄉鎮	
工區		工區坐標	
1. 生態團隊組成：（至少 1 人須符合行政院公共工程委員會公共工程生態檢核注意事項所訂標準） 組成具有生態評估能力之團隊，或外聘專家學者給予協助。應說明單位／職稱、學歷／專業資歷、專長、參與勘查事項。			

2.生態情報蒐集釐清：
應包含陸域及水域生態資訊、生態議題、其他可能相關之生態訊息等，應註明資料來源，包括生態情報查詢成果、媒體報導、民眾反映或觀察紀錄、生態調查、學術研究報告、環境監測報告、生態資源出版品及網頁資料等，以儘量蒐集爲原則。

3.生態保育措施監測計畫確認

監測項目	作業方式與流程	執行
A. 棲地調查	A-1.…	□是□否
	A-2.…	□是□否
B. 棲地評估	B-1.…	□是□否
	B-2.…	□是□否
C. 生態保護對象與生態友善措施落實情形之追蹤	C-1.…	□是□否
	C-2.…	□是□否
D. 生態異常狀況發生之處理原則	D-1.…	□是□否
	D-2.…	□是□否
E. 新增生態友善措施監測項目	E-1.…	
	E-2.…	

* 無法依設計階段所提監測計畫執行原因及採行措施：（以上勾選「否」者須填寫）

4.對施工期間即將執行之工程友善措施、施工廠商自主檢查表及監造單位抽查表之生態保育措施監測項目與標準等是否均清楚了解：
□是□否

5. 其他補充事項

備註：
1.本表由生態團隊於開工前依「設計階段 - 生態評估建議表」所訂之施工期間生態保育措施監測計畫逐一確認填寫並與監造單位及工地負責人確認後，交由監造單位併同監造計畫書及施工計畫書提交工程執行機關。
2.本表之填報請以工區爲單元，每一工區需填寫一張表單。

生態團隊（單位／姓名）：　　監造人員簽名：
工地負責人簽名：　　確認完成日期：

※生態保育措施監測計畫圖（請標示工區範圍、棲地調查評估、生態保護對象位置或範圍等）

※生態保護對象照片：（以特寫與全景照紀錄，欄位不足時，請自行增加附頁）

位置或樁號： 說明：	位置或樁號： 說明：

位置或樁號： 說明：	位置或樁號： 說明：

開工前——生態友善措施告知單

<table>
<tr><td colspan="2">工程執行機關</td><td></td><td>施工廠商</td><td></td></tr>
<tr><td colspan="2">工程名稱</td><td></td><td>縣市／鄉鎮</td><td></td></tr>
<tr><td colspan="2">工區</td><td></td><td>工區坐標</td><td></td></tr>
<tr><td colspan="2">施工期間</td><td colspan="3">民國　　年　　月　　日至　　年　　月　　日</td></tr>
<tr><td>項目</td><td colspan="4">告知內容及罰則</td></tr>
<tr><td rowspan="6">施工注意事項</td><td colspan="4"></td></tr>
<tr><td colspan="4"></td></tr>
<tr><td colspan="4"></td></tr>
<tr><td colspan="4"></td></tr>
<tr><td colspan="4"></td></tr>
<tr><td colspan="4"></td></tr>
<tr><td rowspan="2">異常狀況通報事項</td><td colspan="4">施工範圍超過原設計、構造物開挖面過大、生態保護對象異常、動物暴斃、常流水斷流、水質濁度異常、民眾陳抗、其他：＿＿＿＿</td></tr>
<tr><td colspan="4">通報對象
工程執行機關：　　　　連絡電話：
監造單位：　　　　連絡電話：
生態團隊：　　　　連絡電話：</td></tr>
</table>

生態保護對象	照片	照片	照片
	說明：	說明：	說明：
	照片	照片	照片
	說明：	說明：	說明：
	照片	照片	照片
	說明：	說明：	說明：
其他			

備註：
1. 本表由生態團隊於施工前與監造單位、施工廠商討論後填報，提送工程執行機關確認後，交由工地負責人向施工人員宣導，並張貼於工地明顯處。
2. 本表以工區爲單元，每一工區均附一張表單。

中　華　民　國　　　年　　　月　　　日

工程友善措施自主檢查表（□設計、□開工前、□施工期間）

<table>
<tr><td colspan="2">工程執行機關</td><td></td><td>施工廠商</td><td colspan="2"></td></tr>
<tr><td colspan="2">工程名稱</td><td></td><td>縣市／鄉鎮</td><td colspan="2"></td></tr>
<tr><td colspan="2">工區</td><td></td><td>工區坐標</td><td colspan="2"></td></tr>
<tr><td colspan="2">施工期間</td><td colspan="4">民國　年　月　日至　年　月　日</td></tr>
<tr><td rowspan="2">編號</td><td rowspan="2">施工期間生態保育措施監測項目</td><td rowspan="2">監測標準</td><td colspan="3">監測日期
及是否符合標準</td></tr>
<tr><td></td><td></td><td></td></tr>
<tr><td>A</td><td></td><td></td><td>□是
□否
□尚未執行</td><td>□是
□否
□尚未執行</td><td>□是
□否
□尚未執行</td></tr>
<tr><td>B</td><td></td><td></td><td>□是
□否
□尚未執行</td><td>□是
□否
□尚未執行</td><td>□是
□否
□尚未執行</td></tr>
<tr><td>C</td><td></td><td></td><td>□是
□否
□尚未執行</td><td>□是
□否
□尚未執行</td><td>□是
□否
□尚未執行</td></tr>
<tr><td>…</td><td></td><td></td><td>□是
□否
□尚未執行</td><td>□是
□否
□尚未執行</td><td>□是
□否
□尚未執行</td></tr>
<tr><td colspan="2">檢查未符標準之原因</td><td colspan="4">以上勾選「否」時需填報</td></tr>
<tr><td colspan="6">異常狀況處理</td></tr>
<tr><td colspan="2">異常狀況類型</td><td colspan="4">□施工範圍超過原設計、□構造物開挖面過大、□生態保護對象異常、□動物暴斃、□常流水斷流、□水質濁度異常、□民眾陳抗、□其他________</td></tr>
<tr><td colspan="2">狀況通報人
（單位／職稱）</td><td></td><td>異常狀況
發現日期</td><td colspan="2">民國　年　月　日</td></tr>
</table>

異常狀況說明		解決對策	
備註： 1.本表由設計單位訂定監測項目及標準後，併同基本設計及預算書圖送工程執行機關審查，開工前由監造單位確認後，交由施工廠商併同施工計畫書提交。施工期間，由施工廠商隨施工項目進場及變動情形填寫，併同施工日誌提交監造單位及工程執行機關。 2.施工期間發現異常狀況時，請註明處理方式，第一時間通報監造單位與工程執行機關。 3.本表之填報請以工區爲單元，每一工區需填寫一張表單。			

工地負責人簽名：　　　　　　　　　　　　提交日期：

※生態保護對象照片（以特寫與全景照紀錄，欄位不足時，請自行增加附頁）

位置或樁號： 說明：	位置或樁號： 說明：

位置或樁號： 說明：	位置或樁號： 說明：

※異常狀況照片（欄位不足時，請自行增加附頁）

異常狀況照片	改善照片
位置或樁號： 異常狀況說明：	改善情形說明：
異常狀況照片	改善照片
位置或樁號： 異常狀況說明：	改善情形說明：

工程友善措施抽查表（□設計、□開工前、□施工期間）

工程執行機關		施工廠商	
工程名稱		縣市／鄉鎮	
工區		工區坐標	
施工期間	民國　　年　　月　　日至　　年　　月　　日		

編號	施工期間生態保育措施監測項目	監測標準	監測日期及是否符合標準		
A			□是 □否 □尚未執行	□是 □否 □尚未執行	□是 □否 □尚未執行
B			□是 □否 □尚未執行	□是 □否 □尚未執行	□是 □否 □尚未執行
C			□是 □否 □尚未執行	□是 □否 □尚未執行	□是 □否 □尚未執行
…			□是 □否 □尚未執行	□是 □否 □尚未執行	□是 □否 □尚未執行
檢查未符標準之原因		以上勾選「否」時需填報			

異常狀況處理			
異常狀況類型	□施工範圍超過原設計、□構造物開挖面過大、□生態保護對象異常、□動物暴斃、□常流水斷流、□水質濁度異常、□民眾陳抗、□其他＿＿＿＿		
狀況通報人（單位／職稱）		異常狀況發現日期	民國　　年　　月　　日

<table>
<tr><td>異常狀況說明</td><td></td><td>解決對策</td><td></td></tr>
<tr><td colspan="4">備註：
1.本表由設計單位訂定監測項目及標準後，併同基本設計及預算書圖送工程執行機關審查，施工前由監造單位確認後，併同監造計畫書提交。施工期間，由監造單位隨施工項目進場及變動情形填寫，併同監造日誌提交工程執行機關。
2.施工期間發現異常狀況時，請註明處理方式，第一時間通報工程執行機關。
3.本表之填報請以工區爲單元，每一工區需填寫一張表單。</td></tr>
</table>

監造人員（單位／姓名）：　　　　　　　提交日期：

※生態保護對象照片（以特寫與全景照紀錄，欄位不足時，請自行增加附頁）

位置或樁號： 說明：	位置或樁號： 說明：

位置或樁號： 說明：	位置或樁號： 說明：

※ 異常狀況照片（欄位不足時，請自行增加附頁）

異常狀況照片	改善照片
位置或樁號： 異常狀況說明：	改善情形說明：
異常狀況照片	改善照片
位置或樁號： 異常狀況說明：	改善情形說明：

施工階段——生態保育措施監測紀錄表

工程執行機關		施工廠商	
工程名稱		縣市／鄉鎮	
工區		工區坐標	

1.棲地調查
包含現地調查，將棲地或植被變動情形予以記錄及分類等。

2.棲地評估
包含現地評估、透過棲地評估指標方式確認棲地品質、工程影響及棲地保育措施研議、勘查意見溝通往復情形等。

3.生態保護對象及生態友善措施落實情形之追蹤
包含原訂生態保護對象及新增保護對象之現況描述，如生態敏感區、重要地景、珍稀老樹、保育類動物及珍稀植物、生態影響等，原訂迴避、縮小、減輕、補償等生態友善措施落實情形之紀錄等。

4.生態異常狀況協處：

類型	發現日期／通報日期	狀況說明	協助事項及建議	改善情形	涉及罰則
					□是□否
					□是□否

* 異常狀況類型包括：施工範圍超過原設計、構造物開挖面過大、生態保護對象異常、動物暴斃、常流水斷流、水質濁度異常、民眾陳抗等。
* 事件詳細過程及協助內容等，請另詳「附表—生態輔導或相關意見摘要表」。

5.民眾參與：□有，意見及處理情形詳民眾參與紀錄表，□無
參與單位：

6.生態情報回傳：□有□無（提供可回饋機關之新增生態調查或其他重要生態情報）

項次	情報類別	內容	是否回傳
	□棲地□物種□人力		□是□否
	□棲地□物種□人力		□是□否

* 生態團隊於完工前需彙整提報審議、設計、施工階段之生態情報，依本局所訂目標物種、棲地及人力等之格式內容回傳相關資料。

<table>
<tr><td colspan="2">7.完工階段 - 生態檢核執行過程回顧（摘要式說明）
* 工程緣由目的：
* 遭遇之生態議題：
* 民眾參與情形：
* 採行之生態友善措施：</td></tr>
<tr><th>生態友善措施</th><th>執行內容</th></tr>
<tr><td>迴避</td><td></td></tr>
<tr><td>縮小</td><td></td></tr>
<tr><td>減輕</td><td></td></tr>
<tr><td>補償</td><td></td></tr>
<tr><td colspan="2">* 棲地生態環境變化（含生態保護對象、生態異常狀況處理）：
* 生態情報回傳：棲地○筆、物種○筆、人力○筆。</td></tr>
<tr><td colspan="2">備註：
1.本表由生態團隊填寫，於竣工時交由監造人員，併同竣工圖表送工程執行機關作爲工程驗收之參據。
2.施工階段「生態輔導或相關意見摘要表」及「民眾參與紀錄表」隨本表一併檢附。
3.本表之填報請以工區爲單元，每一工區需填寫一張表單。</td></tr>
</table>

生態團隊（單位／姓名）：　　　　　　　　提交日期：

※生態保護對象照片：（以特寫與全景照紀錄，欄位不足時，請自行增加附頁）

位置或樁號： 說明：	位置或樁號： 說明：

※生態友善措施照片：（欄位不足時，請自行增加附頁）

位置或樁號： 說明：	位置或樁號： 說明：

※棲地影像紀錄：（欄位不足時，請自行增加附頁）

位置或樁號： 說明：	位置或樁號： 說明：

※生態異常狀況及改善照片：（欄位不足時，請自行增加附頁）

異常狀況照片	改善照片
位置或樁號： 異常狀況說明：	改善情形說明：

維護管理階段——生態復育評析表

委辦計畫名稱		委託單位	
工程名稱		縣市／鄉鎮	
工區		工區坐標	
工程執行機關		維護管理單位	

生態評析期間：民國　　年　　月　　日至　　年　　月　　日

1. 生態團隊組成：（至少1人須符合行政院公共工程委員會公共工程生態檢核注意事項所訂標準）
   組成具有生態評估能力之團隊，或外聘專家學者給予協助。應說明單位／職稱、學歷／專業資歷、專長、參與勘查事項

2. 工程及生態資料蒐集：
   * 蒐集工程提報審議、設計、施工等階段生態檢核執行歷程，以及完工（竣工）相關資料，以掌握工程施工前後的生態友善措施與相關過程。
   * 蒐集施工前後生態環境資料，包含陸域及水域生態資訊、生態議題、其他可能相關之生態訊息等，應註明資料來源，包括機關提供、媒體報導、民眾反映或觀察紀錄、生態調查、學術研究報告、環境監測報告、生態資源出版品及網頁資料等，以儘量蒐集爲原則。

3. 生態情報回傳：□有□無（提供可回饋機關之新增生態調查或其他重要生態情報）

項次	情報類別	內容	是否回傳
	□棲地□物種□人力		□是□否
	□棲地□物種□人力		□是□否
	□棲地□物種□人力		□是□否

* 依本局所訂目標物種、棲地及人力等之格式內容回傳相關資料。

4. 棲地環境生態評估：
   本階段棲地環境生態評估，包含生態課題勘查與勘查意見往復、保育議題研議、各類棲地復育評估指標及評估結果、特殊物種（包含珍稀植物、保育類動物）、現地環境描述。現場勘查應針對以下生態議題進行評估：(1) 確認生態保護對象狀況、(2) 生態友善措施執行成效、(3) 可能之生態課題，例如：(a) 珍稀植物或保育類動物分布、(b) 影響環境生態的開發行爲、(c) 強勢外來物種入侵、(d) 縱橫向通道阻隔、(e) 有無環境劣化現象，其與治理工程施作之關聯、(f) 其他當地生態系及生態資源面臨課題。

<table>
<tr><td>5.課題分析與建議：
分析目前該環境是否存在重要環境生態課題，並對維護管理期間提出保育建議。包括：
(1) 釐清生態課題：可能發生之生態課題，如：珍稀植物或保育類動物消失、影響水資源保護的開發行爲、強勢外來物種入侵、縱橫向通道阻隔、其他當地生態系及生態資源課題等。
(2) 研擬保育建議：應對當地生態課題及工程影響擬定可行之保育方案。</td></tr>
<tr><td>6.民眾參與：□有，意見及處理情形詳民眾參與紀錄表，□無
參與單位：</td></tr>
<tr><td>備註：
1.本表由生態團隊填寫後，送委託單位備查研處。
2.維護管理階段「生態輔導或相關意見摘要表」及「民眾參與紀錄表」隨本表一併檢附。
3.本表之填報請以工區爲單元，每一工區需填寫一張表單。</td></tr>
</table>

生態團隊（單位／姓名）：　　　　　　　　提交日期：

※生態復育評析圖之繪製及說明：（欄位不足時，請自行增加附頁）

以平面圖示標繪治理範圍及其鄰近地區之生態保護對象及潛在生態課題，並與竣工圖套疊成生態復育評析圖，描述工程與生態關注區域之關係。 應配合竣工圖的範圍及比例尺進行繪製，比例尺約 1/1000。繪製範圍除了工程本體所在的地點，亦要將工程可能影響到的地方納入考量，如濱溪植被緩衝區、原施工便道及堆置區範圍、所附照片及影像位置等。若河溪附近有道路通過，亦可視道路爲生態關注區域圖的劃設邊界。 可加入施工前後或不同時期之衛星影像分析，以協助說明。

※生態保護對象照片：（以特寫與全景照紀錄，欄位不足時，請自行增加附頁）

位置或樁號： 說明：	位置或樁號： 說明：

※ 生態友善措施照片：（欄位不足時，請自行增加附頁）

位置或樁號： 說明：	位置或樁號： 說明：

※棲地影像紀錄：（包括棲地影像及日期，欄位不足時，請自行增加附頁）

位置或樁號： 說明：	位置或樁號： 說明：

生態輔導或相關意見摘要表（□提審、□設計、□施工、□維管）

<table>
<tr><td>召開日期</td><td>年　　月　　日</td><td>現勘／會議名稱</td><td></td></tr>
<tr><td>地點</td><td></td><td>工程名稱</td><td></td></tr>
<tr><td>辦理方式</td><td colspan="3">□現勘 □會議 □訪談 □其他________</td></tr>
<tr><td>出席人員</td><td>單位／職稱</td><td colspan="2">辦理事項</td></tr>
<tr><td></td><td></td><td colspan="2"></td></tr>
<tr><td></td><td></td><td colspan="2"></td></tr>
<tr><td></td><td></td><td colspan="2"></td></tr>
<tr><td colspan="2">生態輔導或相關意見摘要</td><td colspan="2">處理情形回復</td></tr>
<tr><td colspan="2">1.意見摘要（提出人員）</td><td colspan="2">1.回復內容摘要（回復人員）</td></tr>
<tr><td colspan="2">2.意見摘要（提出人員）</td><td colspan="2">2.回復內容摘要（回復人員）</td></tr>
<tr><td colspan="2">3.意見摘要（提出人員）</td><td colspan="2">3.回復內容摘要（回復人員）</td></tr>
<tr><td colspan="2">4.意見摘要（提出人員）</td><td colspan="2">4.回復內容摘要（回復人員）</td></tr>
<tr><td colspan="2">5.意見摘要（提出人員）</td><td colspan="2">5.回復內容摘要（回復人員）</td></tr>
<tr><td colspan="2">6.意見摘要（提出人員）</td><td colspan="2">6.回復內容摘要（回復人員）</td></tr>
<tr><td colspan="4">備註：
1.現勘或會議紀錄由工程執行機關另依行政程序簽核處理，本表係由生態團隊依機關紀錄摘要整理或提供生態專業意見或輔導工程單位執行生態檢核使用，應即時提供機關、設計、監造單位參採，另隨該階段檢核表一併提交。
2.意見整理以重要生態課題爲主，如生態敏感區、重要地景、珍稀老樹、保育類動物及珍稀植物、生態影響等。</td></tr>
</table>

生態團隊（單位／姓名）：　　　　　　　　填表日期：

※ 現勘及會議照片（欄位不足時，請自行增加附頁）

説明：	説明：
説明：	説明：
説明：	説明：
説明：	説明：

民眾參與紀錄表（□提審、□設計、□施工、□維管）

<table>
<tr><td>參與日期</td><td>年　月　日</td><td>現勘／會議／活動名稱</td><td></td></tr>
<tr><td>地點</td><td></td><td>工程名稱</td><td></td></tr>
<tr><td>參與方式</td><td colspan="3">□說明會 □訪談 □現勘 □工作坊 □座談會 □公聽會 □其他________</td></tr>
<tr><td>參與人員</td><td>單位／職稱</td><td colspan="2">參與角色</td></tr>
<tr><td></td><td></td><td colspan="2">□政府機關 □專家學者 □陳情人
□利害關係人 □民間團體 □其他__</td></tr>
<tr><td></td><td></td><td colspan="2">□政府機關 □專家學者 □陳情人
□利害關係人 □民間團體 □其他__</td></tr>
<tr><td></td><td></td><td colspan="2">□政府機關 □專家學者 □陳情人
□利害關係人 □民間團體 □其他__</td></tr>
<tr><td colspan="2">意見摘要</td><td colspan="2">處理情形回復</td></tr>
<tr><td colspan="2">提出人員（單位／職稱）______
1.
2.
3.
提出人員（單位／職稱）______
1.
2.
3.
提出人員（單位／職稱）______
1.
2.
3.
提出人員（單位／職稱）______
1.
2.
3.</td><td colspan="2">回復人員（單位／職稱）__________
1.
2.
3.
回復人員（單位／職稱）__________
1.
2.
3.
回復人員（單位／職稱）__________
1.
2.
3.
回復人員（單位／職稱）__________
1.
2.
3.</td></tr>
<tr><td colspan="4">備註：會議或現勘、活動紀錄由工程執行機關另依行政程序簽核處理，本表係由生態團隊依機關紀錄摘要整理，即時提供機關、設計、監造單位參採，另隨該階段檢核表一併提交。</td></tr>
</table>

生態團隊（單位／職稱）　　　　　　　　填表日期：

※ 參與照片（欄位不足時，請自行增加附頁）

說明：	說明：
說明：	說明：
說明：	說明：
說明：	說明：

七、國有林治理工程生態友善機制檢核表　主表（1/2）

<table>
<tr><td rowspan="9">工程基本資料</td><td>工程名稱（編號）</td><td></td><td>設計單位</td><td></td></tr>
<tr><td>工程期程</td><td></td><td>監造廠商</td><td></td></tr>
<tr><td>治理機關</td><td></td><td>營造廠商</td><td></td></tr>
<tr><td>基地位置</td><td>地點：____縣____鄉____村
集水區：____水系：____
段：____
TWD97 座標 X：________
Y：________</td><td>工程預算／經費</td><td></td></tr>
<tr><td>工程緣由目的</td><td colspan="3"></td></tr>
<tr><td>工程類型</td><td colspan="3">□自然復育、□坡地整治、□溪流整治、□清淤疏通、□結構物改善、□其他</td></tr>
<tr><td>工程內容</td><td colspan="3"></td></tr>
<tr><td>預期效益</td><td colspan="3">□保全對象（複選）：
□民眾（□社區□學校□部落□____）
□產業（□農作物□果園□林地）
□交通（□橋梁□道路□箱涵）
□工程設施（□水庫□攔砂壩□固床設施□護岸）
□其他：</td></tr>
<tr><td colspan="4"></td></tr>
<tr><td rowspan="3">核定階段</td><td>起訖時間</td><td colspan="2">民國　年　月　日至民國　年　月　日</td><td rowspan="3">附表
P-01</td></tr>
<tr><td rowspan="2">生態評估</td><td colspan="2">進行之項目：□現況概述、□生態影響、□保育對策</td></tr>
<tr><td colspan="2">未作項目補充說明：</td></tr>
<tr><td rowspan="4">設計階段</td><td>起訖時間</td><td colspan="2">民國　年　月　日至民國　年　月　日</td><td rowspan="2">附表
D-01</td></tr>
<tr><td>團隊組成</td><td colspan="2">□是□否有生態專業人員進行生態評析</td></tr>
<tr><td rowspan="2">生態評析</td><td colspan="2">進行之項目：□現場勘查、□生態調查、□生態關注區域圖、□生態影響預測、□生態保育措施研擬</td><td rowspan="2">附表
D-02
D-03</td></tr>
<tr><td colspan="2">未作項目補充說明：</td></tr>
</table>

<table>
<tr><td rowspan="5">設計階段</td><td rowspan="2">民眾參與</td><td>□邀集關心當地生態環境之人士參與：
□環保團體□熟悉之當地民眾
□其他____
本案 104 年 1 月 26 日初步設計審查時進行生態專業人員現場勘查，並邀請 NGO 團體辦理設計說明會，綜合生態與民間團體意見如附表 D-02</td><td rowspan="2">附表
D-02</td></tr>
<tr><td>□否，說明</td></tr>
<tr><td rowspan="3">友善對策</td><td>進行之項目：□由工程及生態人員共同確認方案、□列入設計圖</td><td rowspan="3"></td></tr>
<tr><td>未作項目補充說明：</td></tr>
<tr><td>友善對策摘要：</td></tr>
</table>

國有林治理工程生態友善機制檢核表　主表（2/2）

<table>
<tr><td rowspan="6">施工階段</td><td>起訖時間</td><td>民國　年　月　日至民國　年　月　日</td><td rowspan="2">附表
C-01</td></tr>
<tr><td>團隊組成</td><td>□是□否有生態專業人員進行友善措施執行紀錄、生態監測及狀況處理</td></tr>
<tr><td rowspan="2">民眾參與</td><td>□邀集關心當地生態環境之人士參與：
□熟悉之當地民眾 □利害關係人
□其他____
已在設計階段邀請環保團體擔任審查委員，並將意見列入修正</td><td rowspan="2">附表
C-02</td></tr>
<tr><td>□否，說明</td></tr>
<tr><td rowspan="2">生態監測及狀況處理</td><td>進行之項目：□現場勘查、□生態措施監測（生態調查）、□環境異常處理
生態團隊於施工前說明會進行現場勘查，並與監造、施工單位確認生態措施，附表 C03 之相關內容已合併記錄於附表 C-02</td><td rowspan="2">附表
C-03
C-04</td></tr>
<tr><td>未作項目補充說明：</td></tr>
</table>

<table>
<tr><td rowspan="6">施工階段</td><td rowspan="3">友善措施執行情況</td><td colspan="2">□是□否執行設計階段之保育對策</td><td rowspan="3">附表 C-05</td></tr>
<tr><td colspan="2">□否，說明</td></tr>
<tr><td colspan="2">友善措施執行摘要：</td></tr>
<tr><td rowspan="3">自主檢查表</td><td>填寫並交予主辦機關以及生態評估人員</td><td>提供日期</td><td rowspan="3"></td></tr>
<tr><td>是□／否□</td><td></td></tr>
<tr><td>是□／否□</td><td></td></tr>
<tr><td rowspan="6">維護管理</td><td>起訖時間</td><td colspan="2">民國　年　月　日至民國　年　月　日</td><td rowspan="6">附表 M-01</td></tr>
<tr><td rowspan="2">基本資料</td><td colspan="2">維護管理單位：</td></tr>
<tr><td colspan="2">預估評估時間：</td></tr>
<tr><td rowspan="3">生態評析</td><td colspan="2">進行之項目：□現場勘查、□生態調查、□生態關注區域圖、□課題分析、□生態保育措施成效評估</td></tr>
<tr><td colspan="2">未作項目補充說明</td></tr>
<tr><td colspan="2">後續建議</td></tr>
<tr><td></td><td>資訊公開</td><td colspan="3">□主動公開：工程相關之環境生態資訊（集水區、河段、棲地及保育措施等）、生態檢核表於政府官方網站，網址：＿＿＿＿＿＿＿＿
□被動公開：提供依政府資訊公開法及相關實施要點申請之相關環境生態資訊，說明：＿＿＿＿＿＿＿＿</td></tr>
</table>

主辦機關（核定）：＿＿＿＿＿　承辦人：＿＿＿＿＿　日期：＿＿＿＿＿
主辦機關（設計）：＿＿＿＿＿　承辦人：＿＿＿＿＿　日期：＿＿＿＿＿
主辦機關（施工）：＿＿＿＿＿　承辦人：＿＿＿＿＿　日期：＿＿＿＿＿
主辦機關（維管）：＿＿＿＿＿　承辦人：＿＿＿＿＿　日期：＿＿＿＿＿

八、高速公路工程生態檢核自評表

<table>
<tr><td rowspan="8">工程基本資料</td><td>計畫及工程名稱</td><td></td><td>設計單位</td><td></td></tr>
<tr><td>工程期程</td><td></td><td>監造廠商</td><td></td></tr>
<tr><td>主辦機關</td><td></td><td>營造廠商</td><td></td></tr>
<tr><td>基地位置</td><td>地點：____縣____鄉____村____鄰
TWD97 座標 X：________ Y：________</td><td>工程預算／經費（千元）</td><td></td></tr>
<tr><td>工程目的</td><td colspan="3"></td></tr>
<tr><td>工程類型</td><td colspan="3">□交通、□港灣、□水利、□環保、□水土保持、□景觀、□步道、□其他____</td></tr>
<tr><td>工程概要</td><td colspan="3"></td></tr>
<tr><td>預期效益</td><td colspan="3"></td></tr>
<tr><td>階段</td><td>檢核項目</td><td>評估內容</td><td>檢核事項</td><td>備註</td></tr>
<tr><td rowspan="2">工程計畫核定階段</td><td>一、
專業參與</td><td>生態背景人員</td><td>是否有生態背景人員參與，協助蒐集調查生態資料、評估生態衝擊、擬定生態保育原則？
□是　□否</td><td></td></tr>
<tr><td>二、
生態資料蒐集調查</td><td>地理位置</td><td>區位：□法定自然保護區、□一般區
（法定自然保護區包含自然保留區、野生動物保護區、野生動物重要棲息環境、國家公園、國家自然公園、國有林自然保護區、國家重要溼地、海岸保護區等。）</td><td></td></tr>
</table>

工程計畫核定階段		關注物種及重要棲地	1.是否有關注物種，如保育類動物、特稀有植物、指標物種、老樹或民俗動植物等？ □是______ □否 2.工址或鄰近地區是否有森林、水系、埤塘、溼地及關注物種之棲地分布與依賴之生態系統？ □是______ □否	
	三、 生態保育原則	方案評估	是否有評估生態、環境、安全、經濟及社會等層面之影響，提出對生態環境衝擊較小的工程計畫方案？ □是 □否	
		採用策略	針對關注物種、重要棲地及高生態價值區域，是否採取迴避、縮小、減輕或補償策略，減少工程影響範圍？ □是______ □否	
		經費編列	是否有編列生態調查、保育措施、追蹤監測所需經費？ □是______ □否	
	四、 資訊公開	計畫資訊公開	是否主動將工程計畫內容之資訊公開？ □是______ □否	
規劃階段	一、 專業參與	生態背景及工程專業團隊	是否組成含生態背景及工程專業之跨領域工作團隊？ □是 □否	
	二、 基本資料蒐集調查	生態環境及議題	1.是否具體調查掌握自然及生態環境資料？ □是 □否 2.是否確認工程範圍及周邊環境的生態議題與生態保全對象？ □是 □否	

規劃階段	三、 生態保育對策	調查評析、生態保育方案	1.是否根據生態調查評析結果，研擬符合迴避、縮小、減輕與補償策略之生態保育對策，提出合宜之工程配置方案？ □是　□否 2.是否繪製生態關注區域圖？（大、中尺度） □是　□否	
	四、 民眾參與	規劃說明會	是否邀集生態背景人員、相關單位、在地民眾及關心生態議題之民間團體辦理規劃說明會，蒐集整合並溝通相關意見？ □是　□否	會議紀錄，或附表3
	五、 資訊公開	規劃資訊公開	是否主動將規劃內容之資訊公開？ □是＿＿＿＿＿＿＿＿ □否	
	六、 文件紀錄	文件紀錄（生態檢核機制第十二條）	1.是否記錄調查、評析、現場勘查過程及結果？ □是　□否 2.是否記錄保育對策之過程及結果？ □是　□否	附表1 附表2 附表4
設計階段	一、 專業參與	生態背景及工程專業團隊	是否組成含生態背景及工程專業之跨領域工作團隊？ □是　□否	
	二、 設計成果	生態保育措施及工程方案	1.是否根據生態評析成果提出生態保育措施及工程方案，並透過生態及工程人員之意見往復確認可行性後，完成細部設計。 □是　□否 2.是否提出施工階段所需之「環境生態異常狀況處理原則」，以及「生態保育措施自主檢查表」。 □是　□否	附表5 附表6

<table>
<tr><td rowspan="3">設計階段</td><td></td><td></td><td>3.是否於後續招標之履約文件要求施工廠商於施工前舉辦環境保護教育訓練計畫，並將生態保育措施納入宣導。
□是　□否
4.是否於後續新工計畫之監造契約及工程標特訂條款 明訂監造及承商應辦理事項，並編列相關費用。
□是　□否
5.是否繪製生態關注區域圖？（小尺度）
□是　□否</td><td></td></tr>
<tr><td>三、
資訊公開</td><td>設計資訊公開</td><td>是否主動將生態保育措施、工程內容等設計成果之資 訊公開？
□是______________
□否</td><td></td></tr>
<tr><td>四、
文件紀錄</td><td>文件紀錄（生態檢核機制第十二條）</td><td>1.是否記錄調查、評析、現場勘查過程及結果？
□是　□否
2.是否記錄保育對策之過程及結果？
□是　□否</td><td>附表1
附表2
附表4</td></tr>
<tr><td rowspan="3">施工階段</td><td>一、
專業參與</td><td>生態背景及工程專業團隊</td><td>是否組成含生態背景及工程背景之跨領域工作團隊？
□是　□否</td><td></td></tr>
<tr><td rowspan="2">二、
生態保育措施</td><td>施工廠商</td><td>1.是否辦理施工人員及生態背景人員現場勘查，確認施工廠商清楚了解生態保全對象位置？
□是　□否
2.是否擬定施工前環境保護教育訓練計畫，並將生態保育措施納入宣導。
□是　□否</td><td></td></tr>
<tr><td>施工計畫書</td><td>施工計畫書是否納入生態保育措施，說明施工擾動範圍，並以圖面呈現與生態保全對象之相對應位置。
□是　□否</td><td></td></tr>
</table>

<table>
<tr><td rowspan="3">施工階段</td><td></td><td>生態保育品質管理措施</td><td>1.履約文件是否有將生態保育措施納入自主檢查？
□是　□否
2.是否擬定工地環境生態自主檢查及異常情況處理計畫？
□是　□否
3.施工是否確實依核定之生態保育措施執行，並於施工過程中注意對生態之影響，以確認生態保育成效？
□是　□否
4.施工生態保育執行狀況是否納入工程督導？
□是　□否</td><td>附表5
附表6</td></tr>
<tr><td>三、
民眾參與</td><td>施工說明會</td><td>是否邀集生態背景人員、相關單位、在地民眾及關心生態議題之民間團體辦理施工說明會，蒐集、整合並溝通相關意見？
□是　□否</td><td>會議紀錄或附表3</td></tr>
<tr><td>四、
資訊公開</td><td>施工資訊公開</td><td>是否主動將施工相關計畫內容之資訊公開？
□是＿＿＿＿＿＿＿＿
□否</td><td></td></tr>
<tr><td>維護管理階段</td><td>一、
生態效益</td><td>生態效益評估</td><td>是否於維護管理期間，定期視需要監測評估範圍之棲地品質並分析生態課題，確認生態保全對象狀況，分析工程生態保育措施執行成效？
□是＿＿＿＿＿＿＿＿
□否
□其他（非屬環評書件或審查結論載明於營運階段應辦理事項，且開發內容未涉及棲地切割與削減效應、障礙效應、生態廊道與棲地破壞、干擾效應及動物意外死亡率提升等，如都會區增改建交流道）</td><td></td></tr>
</table>

維護管理階段	二、 資訊公開	監測、評估 資訊公開	是否主動將監測追蹤結果、生態效益評估報告等資訊公開？ □是＿＿＿＿＿＿＿＿ □否 □其他（非屬環評書件或審查結論載明於營運階段應辦理事項，且開發內容未涉及棲地切割與削減效應、障礙效應、生態廊道與棲地破壞、干擾效應及動物意外死亡率提升等，如都會區增改建交流道）	

九、省道公路工程生態檢核自評表

工程基本資料	計畫或 工程名稱			
	可行性評估 廠商		設計廠商	
	規劃廠商		監造單位或 廠商	
	環評廠商		承攬廠商	
	主辦機關		養護管理 單位	
	基地位置	縣（市）： 省道編號： 里程樁號： 附近地名：	計畫或工程 經費	
	環境敏感區位	是否位於生態敏感區（請依附件 2 勾選）： □是　□否		
	工程概要			
	預期效益			

階段	檢核重點項目	備註
可行性評估階段	辦理期間：　年　月　日至　年　月　日	
	是否有關注物種，如保育類動物、特稀有植物、指標物種、老樹等；工址或鄰近地區是否有森林、水系、埤塘、溼地及關注物種之棲地分布與依賴之生態系統？ □是　□否	
	是否有評估生態、環境、安全、經濟及社會等層面之影響，決定採不開發方案或提出對生態環境衝擊較小的工程計畫方案？ □是　□否	
	針對關注物種、重要生物棲地及高生態價值區域，是否採取迴避、縮小、減輕或補償策略，減少工程影響範圍？ □是　□否	
	是否邀集生態專業人員、相關單位、在地民眾及關心生態議題之民間團體辦理現場勘查，溝通工程計畫構想方案及可能之生態保育原則。 □是　□否	附表 1
	是否將工程計畫內容資訊公開？ □是　□否	
規劃階段	辦理期間：　年　月　日至　年　月　日	
	是否具體調查掌握自然及生態環境資料？ □是　□否	
	是否蒐集、整合生態專業人員及相關單位意見，確認工程範圍及周邊環境之生態議題與生態保全對象？ □是　□否	附表 1
	是否根據生態調查評析結果，研擬符合迴避、縮小、減輕及補償策略之生態保育對策。 □是　□否	附表 2 附表 3
	是否將規劃內容資訊公開？ □是　□否	
環評階段	辦理期間：　年　月　日至　年　月　日	
	是否具體調查掌握自然及生態環境資料？ □是　□否	

環評階段	是否蒐集、整合生態專業人員及相關單位意見，確認工程範圍及周邊環境之生態議題與生態保全對象？ □是　□否	附表 1
	是否根據生態調查評析結果，研擬符合迴避、縮小、減輕及補償策略之生態保育對策？ □是　□否	附表 2 附表 3
	是否將環評內容資訊公開？ □是　□否	
設計階段	辦理期間：　年　月　日至　年　月　日	
	是否蒐集、整合生態專業人員及相關單位意見，確認工程範圍及周邊環境之生態議題與生態保全對象？ □是　□否	附表 1
	是否根據生態評析成果提出生態保育措施及工程方案，並與生態及工程人員確認可行性後，完成細部設計。 □是　□否	附表 2 附表 3
	是否辦理施工前生態監測，蒐集生態現況背景資料？ □是　□否	
	是否將生態保育措施、工程內容等設計成果資訊公開？ □是　□否	
施工階段	辦理期間：　年　月　日至　年　月　日	
	施工計畫是否納入生態保育措施，說明施工擾動範圍，並以圖面呈現與生態保全對象之相對應位置。 □是　□否	附表 4 附表 5
	是否擬定工地環境生態自主檢查及異常情況處理計畫？ □是　□否	
	施工是否確實執行生態保育措施，並於施工過程中注意對生態之影響，以確認生態保育成效？ □是　□否	
	施工生態保育執行狀況是否納入工程督導？ □是　□否	附表 1
	是否辦理施工人員及生態專業人員現場勘查，確認施工廠商清楚了解生態保全對象位置？ □是　□否	

<table>
<tr><td rowspan="4">施工階段</td><td>是否將生態保育措施納入施工前環境保護教育訓練計畫。
□是 □否</td><td></td></tr>
<tr><td>是否辦理施工中生態監測、調查生態狀況，分析施工過程對生態之影響及辦理相關保育措施？
□是 □否</td><td>附表 6</td></tr>
<tr><td>是否邀集生態專業人員、相關單位、在地民眾及關心生態議題之民間團體辦理施工說明會，說明工程內容、期程、預期效 及維護生態作爲，蒐集、整合並溝通相關意見。
□是 □否</td><td>附表 1</td></tr>
<tr><td>是否將施工相關計畫內容資訊公開？
□是 □否</td><td></td></tr>
<tr><td rowspan="2">維護管理階段</td><td>是否於維護管理期間，監測評估範圍之棲地品質並分析生態課題，確認 生態保全對象狀況，分析工程生態保育措施執行成效？
□是 □否</td><td>附表 6</td></tr>
<tr><td>是否將生態監測及評估結果資訊公開？
□是 □否</td><td></td></tr>
</table>

十、鐵路工程生態檢核自評表

<table>
<tr><td rowspan="4">工程基本資料</td><td>計畫及
工程名稱</td><td></td><td colspan="2">一、案別（請勾選）：
□環評案
□非環評案
二、階段（請勾選）：
□計畫核定（可行性評估）
□規劃
□設計
□施工
□維護管理階段</td></tr>
<tr><td rowspan="3">工程期程</td><td rowspan="3"></td><td>可行性評估廠商</td><td></td></tr>
<tr><td>規劃廠商</td><td></td></tr>
<tr><td>環評廠商</td><td></td></tr>
</table>

<table>
<tr><td rowspan="10">工程基本資料</td><td rowspan="4">主辦機關</td><td rowspan="4"></td><td>設計廠商</td><td></td></tr>
<tr><td>監造單位或廠商</td><td></td></tr>
<tr><td>承攬廠商</td><td></td></tr>
<tr><td>養護管理單位</td><td></td></tr>
<tr><td>基地位置</td><td>縣（市）：
鐵道位置：
橋梁或隧道：
附近地名：</td><td>工程預算／經費（千元）</td><td></td></tr>
<tr><td>工程目的</td><td colspan="3"></td></tr>
<tr><td>工程類型</td><td colspan="3">□交通、□港灣、□水利、□環保、□水土保持、□景觀、□步道、□建築、□其他____</td></tr>
<tr><td>環境敏感區位</td><td colspan="3">是否位於生態敏感區（請依附件勾選）：□是□否</td></tr>
<tr><td>工程概要</td><td colspan="3"></td></tr>
<tr><td>預期效益</td><td colspan="3"></td></tr>
<tr><td>階段</td><td>檢核項目</td><td>評估內容</td><td colspan="2">檢核事項</td></tr>
<tr><td rowspan="2">工程計畫核定階段</td><td colspan="4">提報核定期間：　年　月　日至　年　月　日</td></tr>
<tr><td>一、專業參與</td><td>生態背景人員</td><td colspan="2">是否有生態背景人員參與，協助蒐集調查生態資料、評估生態衝擊、擬定生態保育原則？
□是　□否</td></tr>
</table>

工程計畫核定階段	二、 生態資料蒐集調查	地理位置	區位：□法定自然保護區、□一般區 （法定自然保護區包含自然保留區、野生動物保護區、野生動物重要棲息環境、國家公園、國家自然公園、國有林自然保護區、國家重要溼地、海岸保護區等。）
		關注物種及重要棲地	1.是否有關注物種，如保育類動物、特稀有植物、指標物種、老樹或民俗動植物等？ □是＿＿＿＿＿＿＿＿＿＿＿＿ □否 2.工址或鄰近地區是否有森林、水系、埤塘、溼地及關注物種之棲地分布與依賴之生態系統？ □是＿＿＿＿＿＿＿＿＿＿＿＿ □否
	三、 生態保育原則	方案評估	是否有評估生態、環境、安全、經濟及社會等層面之影響，提出對生態環境衝擊較小的工程計畫方案？ □是　□否
		採用策略	針對關注物種及重要棲地，是否採取迴避、縮小、減輕或補償策略，減少工程影響範圍？ □是＿＿＿＿＿＿＿＿＿＿＿＿ □否
		經費編列	是否有編列生態調查、保育措施、追蹤監測所需經費？ □是＿＿＿＿＿＿＿＿＿＿＿＿ □否
	四、 民眾參與	現場勘查	是否邀集生態背景人員、相關單位、在地民眾及關心相關議題之民間團體辦理現場勘查，說明工程計畫構想方案、生態影響、因應對策，並蒐集回應相關意見？ □是　□否
	五、 資訊公開	計畫資訊公開	是否主動將工程計畫內容之資訊公開？ □是　□否

<table>
<tr><td rowspan="6">規劃階段</td><td colspan="3">規劃期間：　年　月　日至　年　月　日</td></tr>
<tr><td>一、
專業參與</td><td>生態背景及工程專業團隊</td><td>是否組成含生態背景及工程專業之跨領域工作團隊？
□是　□否</td></tr>
<tr><td>二、
基本資料蒐集調查</td><td>生態環境及議題</td><td>1.是否具體調查掌握自然及生態環境資料？
□是　□否
2.是否確認工程範圍及周邊環境的生態議題與生態保全對象？
□是　□否</td></tr>
<tr><td>三、
生態保育對策</td><td>調查評析、生態保育方案</td><td>是否根據生態調查評析結果，研擬符合迴避、縮小、減輕與補償策略之生態保育對策，提出合宜之工程配置方案？
□是　□否</td></tr>
<tr><td>四、
民眾參與</td><td>規劃說明會</td><td>是否邀集生態背景人員、相關單位、在地民眾及關心生態議題之民間團體辦理規劃說明會，蒐集整合並溝通相關意見？
□是　□否</td></tr>
<tr><td>五、
資訊公開</td><td>規劃資訊公開</td><td>是否主動將規劃內容之資訊公開？
□是　□否</td></tr>
<tr><td rowspan="4">設計階段</td><td colspan="3">設計期間：　年　月　日至　年　月　日</td></tr>
<tr><td>一、
專業參與</td><td>生態背景及工程專業團隊</td><td>是否組成含生態背景及工程專業之跨領域工作團隊？
□是　□否</td></tr>
<tr><td>二、
設計成果</td><td>生態保育措施及工程方案</td><td>是否根據生態評析成果提出生態保育措施及工程方案，並透過生態及工程人員之意見往復確認可行性後，完成細部設計。
□是　□否</td></tr>
<tr><td>三、
資訊公開</td><td>設計資訊公開</td><td>是否主動將生態保育措施、工程內容等設計成果之資訊公開？
□是　□否</td></tr>
<tr><td rowspan="2">施工階段</td><td colspan="3">施工期間：　年　月　日至　年　月　日</td></tr>
<tr><td>一、
專業參與</td><td>生態背景及工程專業團隊</td><td>是否組成含生態背景及工程背景之跨領域工作團隊？
□是　□否</td></tr>
</table>

階段	項目	內容	檢核事項
施工階段	二、 生態保育措施	施工廠商	1.是否辦理施工人員及生態背景人員現場勘查，確認施工廠商清楚了解生態保全對象位置？ □是　□否 2.是否擬定施工前環境保護教育訓練計畫，並將生態保育措施納入宣導。 □是　□否
		施工計畫書	施工計畫書是否納入生態保育措施，說明施工擾動範圍，並以圖面呈現與生態保全對象之相對應位置。 □是　□否
		生態保育品質管理措施	1.履約文件是否有將生態保育措施納入自主檢查，並納入其監測計畫？ □是　□否 2.是否擬定工地環境生態自主檢查及異常情況處理計畫？ □是　□否 3.施工是否確實依核定之生態保育措施執行，並於施工過程中注意對生態之影響，以確認生態保育成效？ □是　□否 4.施工生態保育執行狀況是否納入工程督導？ □是　□否
	三、 民眾參與	施工說明會	是否邀集生態背景人員、相關單位、在地民眾及關心生態議題之民間團體辦理施工說明會，蒐集整合並溝通相關意見？ □是　□否
	四、 資訊公開	施工資訊公開	是否主動將施工相關計畫內容之資訊公開？ □是　□否
維護管理階段	一、 生態效益	生態效益評估	是否於維護管理期間，定期視需要監測評估範圍之棲地品質並分析生態課題，確認生態保全對象狀況，分析工程生態保育措施執行成效？ □是　□否
	二、 資訊公開	監測、評估資訊公開	是否主動將監測追蹤結果、生態效益評估報告等資訊公開？ □是　□否

參考文獻

中文書籍

水土保持局，野溪生態工程設計參考圖冊，2017

水土保持局，保育治理工程生態檢核推動過程及案例說明，2018

水土保持局，溪流整治之固床工與生態工程之探討，2017

水土保持局，生態檢核標準作業書，2021

水土保持局，保育治理工程生態友善措施案例彙編，2022

水利署，水庫集水區工程生態檢核執行參考手冊，2020

水利署水利規劃試驗所，「區域排水生態廊道規劃之研究——以中部地區爲例」，2012

水利署水利規劃試驗所，民衆參與區域排水環境營造推動計畫(3)——參與式調查，2018

水利署水利規劃試驗所，棲地生態資訊整合應用於水利工程生態檢核與河川棲地保育措施（1/3），2011

水利署水利規劃試驗所，棲地生態資訊整合應用於水利工程生態檢核與河川棲地保育措施（2/3），2012

台中市政府水利局，臺中市生態檢核工作計畫（107年度），2018

吳輝龍，農委會推動自然生態工法之作法與展望，農政與農情 138 ，2003

東華大學生態與環境教育研究所，兩棲類監測標準作業手冊，農委會林務局，2009

林幸助，溼地生態系生物多樣性監測系統標準作業程序，農委會特有生物中心，2009

林務局，流域綜合治理計畫執行案件辦理生態補償工作教育訓練手冊，2016

林務局，國有林治理工程生態友善機制教育訓練手冊，2017

林務局，國有林治理工程生態友善機制手冊，2019
柯淳涵等，新店溪魚類存活水質流量管理規劃，行政院環境保護署研究報告，2002
桃園市政府水務局，桃園市生態檢核工作計畫（107年度），2019
桃園市政府水務局，桃園市生態檢核工作計畫——埔心溪，2018
莊雯茹等，生態檢核表於石門水庫集水區保育治理工程之應用探討，水土保持學報44(1):17-26，2012
陳郁屏，流域工作者必修的溪流生態學，林務局流域綜合治理計畫執行案件辦理生態補償工作教育訓練，2016
黃宏斌，97年度生態工法暨生物多樣性人才培育計畫，教育部研究報告，2008
黃宏斌，96年度生態工法暨生物多樣性人才培育計畫，教育部研究報告，2007
黃宏斌，台北市土石流整治及自然生態工法的應用問題探討， 94年度土石流潛勢溪流防災業務管理研習會講義，66-90，2005
黃宏斌，土石流防治工法與生態工程，土石流災害的學術研究，7-12，2001
黃宏斌，94年度生態工法暨生物多樣性人才培育計畫，教育部研究報告，2006
黃宏斌，賴進松，土石流整治與生態工法應用的研究（Ⅲ），臺灣大學水工試驗所研究報告，2007
黃宏斌，賴進松，土石流整治與生態工法應用的研究（Ⅱ），臺灣大學水工試驗所研究報告，2006
黃宏斌，賴進松，土石流整治與生態工法應用的研究，臺灣大學水工試驗所研究報告，2005
黃宏斌、胡通哲，臺北分局轄區環境友善及生態檢核措施管理計畫，水保

局台北分局研究報告，2020
黃宏斌、胡通哲，區排生態檢核作業計畫，水利規劃試驗所，2019
楊佳寧，野溪河相學&近自然治理工程，林務局生態教育訓練，2018
廖世卿，溪流河川：溪流鳥類的生態，科學發展352:28～31，2002
臺灣大學生物多樣性研究中心，鳥類監測標準作業手冊，農委會林務局，2009
劉業經，臺灣木本植物誌，國立中興大學農學院，1976
賴慶昌，生態檢核實例分享工程，2018
環境保護署，動物生態評估技術規範，2011
環境保護署，海洋生態評估技術規範，2002
環境保護署，植物生態評估技術規範，2007

英文書籍

Allan, J.D. & M.M. Castillo, Stream Ecology, 2007

Almeida, R.S. & M. Cetra, Longitudinal gradient effects on the stream fish metacommunity, Natureza & Conservação, 14 (2):112-119, 2016

Andayani, S. & B.E. Yuwono, Key Factors for Regional Urban Eco-Drainage Evaluation, International Journal of Advances in Mechanical and Civil Engineering, 3(1): 2394-2827, 2016

Baschak, L.A. & R.D. Brown, An ecological framework for the planning, design and management of urban river greenways, Landscape and Urban Planning, 33(1-3): 211-225, 1995

Bay of Plenty Regional Council, Toi Moana, Watercourses in Land Drainage Schemes with Ecological Values, 2017

Bengtsson, J., etc., Grasslands—more important for ecosystem services than you might think, Ecosphere 10(2), 2019

Boyer, E.W. et al., Modeling Dentrification in Terrestrial and Aquatic Ecosystems at Regional Scales, Ecological Applications, 16(6), 2006, pp. 2123-2142, 2006

Briggs, S. & M.D. Hudson, Determination of significance in Ecological Impact Assessment: Past change, current practice and future improvements, Environmental Impact Assessment Review 38, 16-25, 2013

Canter, L.W., Environmental impact assessment, 2nd ed., McGraw-Hill, Inc., 1996

Deacon, J.E. et al., Fueling Population Growth in Las Vegas: How Large-scale Groundwater Withdrawal Could Burn Regional Biodiversity, BioScience 57(8):688-698, 2007

Devi, T.B. et al., Flow characteristics in a partly vegetated channel with emergent vegetation and seepage, Ecohydrology & Hydrobiology, 19, 93-108, 2019

Dudgeon, D., Prospects for sustaining freshwater biodiversity in the 21st century: linking ecosystem structure and function, Current Opinion in Environmental Sustainability, 2 (5-6): 422-430, 2010

Emilie, G.C., et al., Evaluating ecosystem goods and services after restoration of marginal upland peatlands in South-West England, Journal of Applied Ecology 2013, 50, 324-334, 2013

European Commission, The EU Biodiversity Strategy to 2020, , 2011

Evans, R.O. et al., Management alternatives to enhance water quality and ecological function of channelized streams and drainage canals, Journal of Soil and Water Conservation, 2007

Falcone, J.A. et al., GAGES: A stream gage database for evaluating natural and altered flow conditions in the conterminous United States, Ecology 91(2):621-621, 2010

Feng, Y. et al., The Main Factors to Effect the Ecological Changes in Nujiang

Drainage Basin of Longitudinal Range-Gorge Region, Journal of Mountain Science, 2008

Food and Agriculture Organization of the United Nations, FAO Publications Catalogue 2018, 2018

Food and Agriculture Organization of the United Nations, FAO Publications Catalogue 2019, 2019

Geneletti, D., Ecological evaluation for environmental impact assessment, 2002

Geng, L. H. et al., Indicators and criteria for evaluation of healthy rivers, Journal of Hydraulic Engineering, 3, 2006

Great Lakes, Regional Water Program, Expanding Regional Use of the Two-Stage Ditch Drainage Design, 2012 Regional Impacts- Nutrient and Manure Management, 2012

Grzybowski, M.et al., Evaluation of the Ecological Status and Diversity of Macrophytes of Drainage Ditches Threatened by a Pesticide Tomb, Polish Journal of Natural Sciences 25(3):259-271, 2010

Handfield, R.et al., Applying environmental criteria to supplier assessment: A study in the application of the Analytical Hierarchy Process, European Journal of Operational Research 141, 70-87, 2002

Harris, J.H., The use of fish in ecological assessments, Austrial Ecology 20(1):65-80, 1995

Harrison, P.A., et al., Selecting methods for ecosystem service assessment: A decision tree approach, Ecosystem Services, Volume 29, Part C, 2018, pp. 481-498, 2018

Heino, J., The importance of metacommunity ecology for environmental assessment research in the freshwater realm, Biological Review 88: 166-178, 2013

Huang, W. et al., An Evaluation of Water Ecological Advancement in Hilly Areas at the Village Scale: A Case Study of Qingyuan Village in Yucheng District, China, International Journal of Simulation, Systems, Science and Technology 17(28):26.1-26.6,

Hughes, R.M. et al., Regional reference sites: a method for assessing stream potentials, Environmental Management 10(5): 629-635, 1986

Izadi, N. et al., Socio-economic, cultural, physical and ecological impact assessment of Kavar irrigation and drainage network in Iran, Int. J. Hum. Capital Urban Management 2(4):267-280, 2017

Konrad, C.P. & D.B. Booth, Hydrologic Changes in Urban Streams and Their Ecological Significance, American Fisheries Society Symposium 47:157-177, 2005, 2005

Kuska, J. & V. A. Lamarra, Jr, Use of Drainage Patterns and Densities to Evaluate Large Scale Land Areas for Resource Management, J. ENVIRON. SYS., Vol. 3(2), Summer, 1973

Lane, S., Environmental Sustainability Check-List, 2007

Larry W. Canter, Environmental impact assessment, 2nd ed. McGraw-Hill, Inc., 1996

Maes, J., et al., An indicator framework for assessing ecosystem services in support of the EU Biodiversity Strategy to 2020, Ecosystem Services 17, 14-23, 2016

Marques, H. et al., Importance of dam-free tributaries for conserving fish biodiversity in Neotropical reservoirs, Biological Conservation, Volume 224, 2018, pp. 347-354, 2018

McManamay, R.A., et al., Commonalities in stream connectivity restoration alternatives: an attempt to simplify barrier removal optimization, Ecosphere

10(2), 2019

Ministry of the Environment, Government of Japan, Biodiversity and Livelihoods -The Satoyama Initiative Concept in Practice, 2010

Mu, M.et al., Study on Ecological Water Demand in Kuitun River Basin, XinJiang, China Geological Survey, website,10.18.2012, 2012

Necchi-Junior, O. et al., Ecological distribution of stream macroalgal communities from a drainage basin in the Serra da Canastra National Park, Minas Gerais, Southeastern Brazil, Brazilian Journal of Biology, 63(4):635-646, 2003

New Jersey Department of Environmental Protection, Ecological Evaluation Technical Guidance, 2018

Nijkamp, P. et al., Regional Sustainable Development and Natural Resource Use, The World Bank Economic Review,4(1):153-188, 1990

Padikkal, S. et al., Environmental flow modelling of the Chalakkudi Sub-basin using 'Flow Health', Ecohydrology & Hydrobiology, 19, 119-130, 2019

Qiao, F, et al., Influencing Factors and Strategies for Sustainable Urban Drainage System, Civil Engineering Research Journal 3(4): 1-3, 2018

Renaud, F.G., et al., Ecosystem-Based Disaster Risk Reduction and Adaptation in Practice, Springer International Publishing Switzerland, 2016

River Engineering & Urban Drainage Research Centre, Universiti Sains Malaysia, Sustainable Urban Drainage System, 2012

Rohm, C.M. et al., Evaluation of an Aquatic Ecoregion Classification of Streams in Arkansas, Journal of Freshwater Ecology 4(1), 1987

Seyfried, M.S. et al., Ecohydrological Control of Deep Drainage in Arid and Semiarid Regions, Ecology 86(2):277-287, 2005

Shen, L.Y., et al., A Checklist for Assessing Sustainability Performance of

Construction Projects, Journal of Civil Engineering and Management, 13(4):273-281, 2007

Shih, S.S. et al., Fish Habitat Improvement Research for Ecotechnology Applications in Liu Regional Drainage, Journal of Chinese Soil and Water Conservation 35(3):229-239·, 2004

Simons, T.P. & J. Lyons, Application of the Index of Biotic Integrity to Evaluate Water Resource Integrity in Freshwater Ecosystems, researchgate.net, 1995

The Federal Interagency Stream Restoration Working Group, Stream Corridor Restoration, 2001

The Netherlands Environmental Assessment Agency, Executive summary of the Ecological Evaluation of Nature Conservation Schemes, 2007

Trexler, J.C. et al., Ecological Scale and Its Implications for Freshwater Fishes in the Florida Everglades, 2002

U.S. Fish and Wildlife Service, Ecological Service Manual-Habitat as a Basis for Environmental Assessment, 1980

Viney,R.A.N. et al., A Regional Drainage Evaluation for the Avon Basin, Western Australia , Water for a Healthy Country Flagship Report series ISSN: 1835-095X , 2010

Wathern, P. & S.N. Young, Ecological Evaluation Techniques, Landscape Planning, 12 (1986) 403--420, 1986

Whittier, T.R. et al., Correspondence Between Ecoregions and Spatial Patterns in Stream Ecosystems in Oregon, Canadian Journal of Fisheries and Aquatic Sciences, 1988, 45(7): 1264-1278, 1988

Winemiller, K.O. et al., Fish Ecology in Tropical Streams, Aquatic Ecology, Pages 107-146, I-III, 2008

Xu, S.et al., Ecological restoration and effect investigation of a river wetland in a semi-arid region, China, Remote Sensing and GIS for Hydrology and Water Resources, 417-423, 2014

Yin,S.W. et al., The Ecological Compensation of Land Consolidation and Its Evaluation in Hilly Area of Southwest China, Energy Procedia 5, 1192-1199, 2011

國家圖書館出版品預行編目資料

工程生態檢核／黃宏斌著. ——初版. ——
臺北市：五南圖書出版股份有限公司，
2023.06
面； 公分
ISBN 978-626-366-160-8（平裝）

1.CST: 環境工程 2.CST: 環境保護

445.9 112008467

5G55

工程生態檢核

作　　者— 黃宏斌（305.5）
發 行 人— 楊榮川
總 經 理— 楊士清
總 編 輯— 楊秀麗
副總編輯— 王正華
責任編輯— 金明芬
封面設計— 陳亭瑋
出 版 者— 五南圖書出版股份有限公司
地　　址：106台北市大安區和平東路二段339號4樓
電　　話：(02)2705-5066　　傳　　真：(02)2706-6100
網　　址：https://www.wunan.com.tw
電子郵件：wunan@wunan.com.tw
劃撥帳號：01068953
戶　　名：五南圖書出版股份有限公司

法律顧問　林勝安律師

出版日期　2023年6月初版一刷
定　　價　新臺幣500元

經典永恆·名著常在

五十週年的獻禮——經典名著文庫

五南，五十年了，半個世紀，人生旅程的一大半，走過來了。
思索著，邁向百年的未來歷程，能為知識界、文化學術界作些什麼？
在速食文化的生態下，有什麼值得讓人雋永品味的？

歷代經典•當今名著，經過時間的洗禮，千錘百鍊，流傳至今，光芒耀人；
不僅使我們能領悟前人的智慧，同時也增深加廣我們思考的深度與視野。
我們決心投入巨資，有計畫的系統梳選，成立「經典名著文庫」，
希望收入古今中外思想性的、充滿睿智與獨見的經典、名著。
這是一項理想性的、永續性的巨大出版工程。
不在意讀者的眾寡，只考慮它的學術價值，力求完整展現先哲思想的軌跡；
為知識界開啟一片智慧之窗，營造一座百花綻放的世界文明公園，
任君遨遊、取菁吸蜜、嘉惠學子！